人工智能技术与应用专业系列教材

主　编◎张　维　郑　烁　郭文武
副主编◎贾艳光　舒　荣　冯俊华
参　编◎刘晓彤　李伟昌　马敏敏

智能语音应用开发

电子工业出版社.

Publishing House of Electronics Industry

北京·BEIJING

内 容 简 介

人工智能技术与应用专业是 2022 年增补的中等职业教育专业。本书以北京市信息管理学校人工智能技术与应用专业人才培养方案为编写依据，从智能语音技术的实际应用出发，依托我国主流的 AI 开放平台，介绍智能语音技术的知识与技能。为提升中等职业学校人工智能技术与应用专业的教学质量，北京市信息管理学校联合人工智能企业——广州万维视景科技有限公司共同编写本书。

本书以项目、任务引领教学内容，通过实际案例介绍智能语音技术的应用，具有案例鲜活、逻辑清晰、图文并茂的特点，适用于中等职业学校人工智能技术与应用专业的学生、智能语音技术的初学者，以及相关专业人员。

本书为新形态教材，配有游戏化教学设计、电子课件、电子工作手册、案例素材、微课，以及"测一测""做一做"模块的答案等教学资源，方便读者学习使用。

图书在版编目（CIP）数据

智能语音应用开发 / 张维，郑烁，郭文武主编. —北京：电子工业出版社，2024.1

ISBN 978-7-121-46911-4

Ⅰ．①智… Ⅱ．①张… ②郑… ③郭… Ⅲ．①人工智能－应用－语音信息处理－程序设计－中等专业学校－教材 Ⅳ．①TP18 ②TP391.1

中国国家版本馆 CIP 数据核字（2023）第 240601 号

责任编辑：关雅莉

印　　刷：北京盛通数码印刷有限公司
装　　订：北京盛通数码印刷有限公司
出版发行：电子工业出版社
　　　　　北京市海淀区万寿路 173 信箱　　　邮编：100036
开　　本：880×1230　　1/16　　印张：18.75　　字数：388 千字
版　　次：2024 年 1 月第 1 版
印　　次：2025 年 1 月第 3 次印刷
定　　价：49.00 元

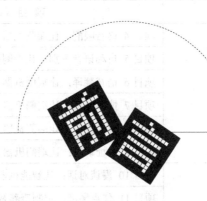

前言

近年来，随着我国大力发展人工智能技术，许多高校新增人工智能技术相关专业。目前市场上的教材普遍适用于高等职业学校的学生，为提高中等职业学校人工智能技术与应用专业的教学质量，北京市信息管理学校人工智能技术与应用专业教师团队，联合人工智能相关企业，通力打造适合中职学生的人工智能技术与应用专业系列教材。智能语音应用开发是人工智能技术与应用专业的核心课程之一，本书分为云端智能语音应用、终端智能语音应用及综合智能语音应用 3 个篇章，让学生对智能语音应用开发从浅到深有系统的认识。

1. 本书特色

本书结合中职学生的学习特点，以项目、任务的形式进行知识讲解，每个项目相对独立，在项目设计中，使用我国人工智能领域开发平台。

在编写过程中，为了方便读者理解，本书着重理论加实操，将全书分为 3 个篇章、11 个项目。第一篇由项目 1 到项目 3 组成，通过智能语音技术在云端的应用，让虚拟机器人能听懂、能说话、能识人，从而使读者掌握语音识别、语音合成及声纹识别技术；第二篇由项目 4 到项目 9 组成，以智能语音技术在终端设备上的应用为主，通过实操让端侧机器人苏醒、能比、会译、有情、能想、能写，从而使读者深入了解智能语音技术在终端设备上的应用；第三篇由项目 10 和项目 11 组成，在此篇中将通过搭建两种不同功能的智能对话机器人，从而使读者深入了解智能语音技术的综合应用。

2. 课时分配

本书参考课时为 108 课时，如下表所示。

篇 章	项 目 名 称	建 议 课 时
第一篇 云端智能语音应用	项目 1 自动语音识别：让机器人能听懂	9
	项目 2 语音合成：让虚拟机器人能说话	9
	项目 3 声纹识别：让虚拟机器人能识人	9

篇　章	项目名称	建议课时
第二篇 终端智能语音应用	项目4 语音唤醒：让端侧机器人苏醒	9
	项目5 自动语音识别：让端侧机器人能比	9
	项目6 语音翻译：让端侧机器人会译	9
	项目7 情感分析：让端侧机器人有情	9
	项目8 摘要提取：让端侧机器人能想	9
	项目9 地址识别：让端侧机器人能写	9
第三篇 综合智能语音应用	项目10 漫谈对话：让智能机器人对话	9
	项目11 焦点畅谈：定制康养智能机器人	18

3．教学资源

为提高学习效率和教学效果，方便教师教学，编者为本书配备了游戏化教学设计、电子课件、电子工作手册、案例素材、微课，以及"测一测""做一做"模块的答案等教学资源，请有此需要的读者登录华信教育资源网（http://www.hxedu.com.cn）注册后进行免费下载，有问题时请在网站留言板留言或与电子工业出版社联系（E-mail：hxedu@phei.com.cn）。

4．本书编者

本书由北京市信息管理学校联合广州万维视景科技有限公司组织编写，由张维、郑烁、郭文武担任主编，贾艳光、舒荣、冯俊华担任副主编，以及刘晓彤、李伟昌、马敏敏参编。

由于编者水平有限，书中难免有疏漏和不妥之处，恳请广大师生和读者批评指正。

编　者

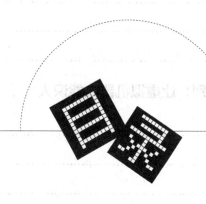

第一篇　云端智能语音应用

第二篇　终端智能语音应用

第三篇　综合智能语音应用

第一篇　云端智能语音应用

本篇主要包括"自动语音识别：让机器人能听懂""语音合成：让虚拟机器人能说话""声纹识别：让虚拟机器人能识人"3 个项目。本篇借助主流的 AI 开放平台，让读者初步使用智能语音技术解决日常生活中的问题。通过对 3 个项目的学习，读者可以在主流的 AI 开放平台上进行实践，让机器人能听懂、能说话、能识人，进而体验智能语音技术的应用，打开智能语音世界的大门。

项目 1

自动语音识别：让机器人能听懂

扫一扫，观看微课

项目背景

在这个追求高效生活的时代，人们希望使用更少的时间做更多的事情，自动语音识别的出现让人们的生活变得更加高效。在进行信息录入和检索时，无论使用键盘输入还是手写输入，都有各种限制，而语音输入成为主流输入方法，更受欢迎。本项目将使用目前主流的 AI 开发平台实现智能语音输入功能。

教学目标

（1）了解自动语音识别的概念。

（2）了解自动语音识别的应用。

（3）了解自动语音识别的发展历程。

（4）熟悉自动语音识别技术的现状和发展趋势。

（5）理解自动语音识别的原理。

（6）理解自动语音识别的评估指标。

（7）能够编写程序，调用自动语音识别接口，实现自动语音输入。

（8）能够对语音识别效果进行评估。

项目分析

在本项目中，首先学习自动语音识别的相关知识，具体知识准备思维导图如图 1.1 所示。然后借助百度 AI 开放平台，通过调用该平台的自动语音识别能力，实现智能语音输入功能。具体分析如下。

（1）从自动语音识别的概念、原理、应用、发展历程等角度，认识自动语音识别。

（2）学习自动语音识别的评估指标。

（3）在百度 AI 开放平台上，创建自动语音识别应用。

（4）编写程序，定义相关函数，并进行调用，实现自动语音识别。

（5）运用自动语音识别的评估指标，测试编写的应用的语音识别效果。

知识准备

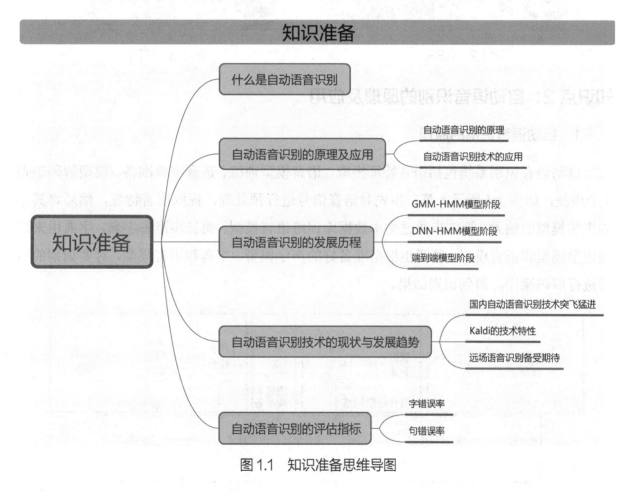

图 1.1 知识准备思维导图

知识点 1：什么是自动语音识别

语音识别技术，也被称为自动语音识别，可以分为广义的自动语音识别和狭义的自动语音识别。

广义的自动语音识别即自动语音识别（Automatic Speech Recognition，ASR），作用是将人类语音中的词汇内容转换为计算机可读的输入。其中，计算机可读的输入包括文本、二进制编码等，如图1.2所示。

📖 小知识

　　现代计算机所有的信息都是由二进制数组成，二进制即0和1。计算机程序指令的机器码使用二进制数表示，存储在计算机内存中的各种数据也使用二进制数表示。

　　狭义自动语音识别即语音转文本识别（Speech To Text，STT），STT就是将语音自动转换为文字的过程，如图1.3所示。

图1.2　ASR　　　　　　　　　　　　　　　图1.3　STT

知识点 2：自动语音识别的原理及应用

1. 自动语音识别的原理

　　自动语音识别系统包括语音特征提取、语音模型训练、语音字典准备、模型解码识别4个步骤，如图1.4所示。第一步先对语音信号进行预处理，提取语音特征，然后将其作为声学模型的输入；第二步通过文本数据库训练语言模型；第三步准备字典，字典用来连接声学模型和语言模型；第四步根据准备好的声学模型、字典和语言模型，对要识别的语音进行解码操作，得到识别结果。

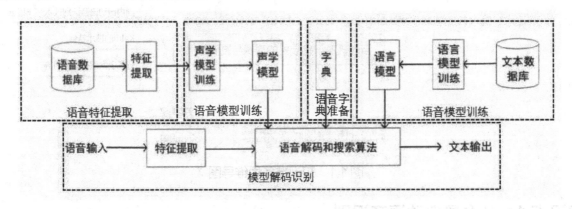

图1.4　自动语音识别系统

2. 自动语音识别技术的应用

　　近年来，随着人工智能技术的快速发展，在日常生活中，自动语音识别技术的应用范围越来越广。在应用过程中，自动语音识别技术可以被视为可随身携带的人机接口。例如，使用智能手表，通过"对话"查询天气；使用智能遥控器，通过"对话"调节音量、切换频道；使用智能车载显示器，通过"对话"播放音乐、打开导航；使用智能手机，通过"对话"拨打电话、打开 App 等。这些"对话"都是自动语音识别技术的应用，可以说，市面上大多数智能产品都应用了自动语音识别技术，自动语音识别技术的用处非常之广泛，如图 1.5 所示。

图 1.5　生活中应用自动语音识别技术的部分智能产品

知识点 3：自动语音识别的发展历程

1952 年 Davis 等人研制了世界上第一个能识别 10 个英文数字发音的实验系统，这正是自动语音识别的前身，具有重要意义。自动语音识别发展到今天已经有 70 多年的历史，按照发展历程可以分为 3 个阶段。

1. GMM-HMM 模型阶段

20 世纪 70 年代，自动语音识别主要集中在小词汇量、孤立词识别方面，使用的方法主要是简单的模板匹配方法，即首先提取语音信号的特征构建参数模板，然后将测试语音与参考模板参数进行一一比较和匹配，取最接近的样本所对应的词作为该语音信号的发音。该方法对孤立词识别是有效的，但对大词汇量、非特定人连续语音识别无能为力。因此，进入 80 年代后，研究思路发生了重大变化，从传统的基于模板匹配的技术思路开始转向基于统计模型的技术思路。

基于 GMM（高斯混合模型）-HMM（隐马尔科夫模型）框架，研究者提出各种改进方法，但自 20 世纪 90 年代自动语音识别声学模型的区分性训练准则和模型自适应方法被提出以后，在很长一段时间内，自动语音识别的发展比较缓慢，语音识别错误率一直没有明显下降。截止到 2009 年，自动语音识别一直处于 GMM-HMM 模型阶段，在该阶段，自动语音识别率提升缓慢，尤其在 2000 年到 2009 年，自动语音识别率的提升基本处于停滞状态。

2. DNN-HMM 模型阶段

2006 年，Hinton 提出了深度置信网络（Deep Belief Network，DBN），促进了深度神经网络（Deep Neural Networks，DNN）研究的复苏。2009 年，Hinton 将 DNN 应用于语音的声学建模，在声学-音素连续语音语料库（The DARPA TIMITAcoustic-Phonetic Continuous Speech Corpus，TIMIT）上获得了当时最好的结果。2011 年年底，微软研究院的俞栋、邓力又把 DNN 技术应用在了大词汇量连续语音识别任务上，大大降低了语音识别错误率。从此自动语音识别进入 DNN-HMM 时代。

语音信号是连续的，不仅各个音素、音节、词之间没有明显的边界，各个发音单位还会受到上下文的影响。基于此，开发出了很多适合语音建模的循环神经网络（Recursive Neural Networks，RNN）结构，其中最有名的就是 LSTM（RNN 结构的变体）。LSTM 具有长短时记忆能力。虽然 LSTM 的计算比 DNN 更复杂，但 LSTM 的整体性能与 DNN 相比，有 20%左右的稳定提升。2009 年，随着深度学习技术，特别是 DNN 的兴起，自动语音识别框架由 GMM-HMM 变成 DNN-HMM，自动语音识别进入了 DNN-HMM 模型阶段，自动语音识别准确率得到了明显的提升。

3. 端到端模型阶段

自动语音识别的端到端技术同样使用神经网络模型，与 DNN-HMM 模型阶段相比，端到端技术在神经网络的结构上没有发生太大的变化，主要是对神经网络中的一个重要函数——代价函数进行了改变，使端到端模型解决了输入序列的长度远大于输出序列长度的问题。目前端到端技术主要分为两类：一类是 CTC 方法，另一类是 Seq2Seq 方法。

2017 年，谷歌将端到端模型应用于自动语音识别领域，取得了非常好的效果，将词错误率降低至 5.6%。端到端技术的突破，直接将自动语音识别的所有模块统一成神经网络模型，使语音识别朝着更简单、更高效、更准确的方向发展。自 2015 年起，随着端到端技术的兴起，自动语音识别进入了快速发展阶段，很多机构都在训练更深、更复杂的网络，同时利用端到端技术进一步大幅提升了自动语音识别的性能。直到 2017 年，微软在 Switchboard 上将自动语音识别的词错误率降低至 5.1%，让自动语音识别的准确性在一定限定条件下，首次超越了人类。

知识点 4：自动语音识别技术的现状与发展趋势

1. 国内自动语音识别技术突飞猛进

自 1987 年国家"863 计划"智能计算机专家组为自动语音识别技术研究专门立项起，国内语音识别研究正式开始。2002 年，中国科学院自动化研究所及其所属模识科技

（Pattek）公司发布"天语"中文语音系列产品 PattekASR，结束了中文语音识别产品自 1998 年以来一直由国外公司垄断的历史。

目前，主流的语音识别框架由 3 部分组成：声学模型、语言模型和解码器。由于中文语音识别的复杂性，国内在声学模型的研究进展相对更快一些，主流方向是使用更深、更复杂的神经网络技术融合端到端技术。同时国内很多企业纷纷发布自己新的声学模型结构，不断刷新各个数据集的识别率。2018 年，科大讯飞提出深度全序列卷积神经网络（DFCNN），此结构包含了大量的卷积层和池化层，独特之处在于，它能将整句语音信号看作一个整体，对其进行建模，得到更多历史信息，充分表达语音的长时相关性。同年，阿里提出 LFR-DFSMN 模型，该模型将深层前馈序列记忆神经网络和低帧率技术相结合，大大提升了识别的性能，从训练速度、解码速度及模型参数数量等方面来说，阿里提出的模型均比当时最流行的双向循环神经网络（BLSTM）框架表现得好。2019 年，百度提出了流式多级的截断注意力模型 SMLTA，为了更有效地获取上下文信息，该模型在 LSTM 和 CTC 的基础上引入了 Attention（注意力）机制，拥有截断、流式、多级和基于 CTC& Attention 四大创新点，该模型与百度上一代 Deep Peak2 模型相比，在识别率方面有 15% 的提升。

2. Kaldi 的技术特性

Kaldi 是当前十分流行的开源自动语音识别工具，是业界语音识别框架的基石，拥有完整的语音识别系统训练脚本，便于用户使用和操作。Kaldi 提供了其他语音识别工具不具备的技术特性，可以在工业中使用的神经网络模型（DNN、TDNN、LSTM），该模型结构可以使用低帧率的方式进行解码，解码帧率为传统神经网络声学模型的三分之一，而准确率与传统模型相比有非常显著的提升。与其他语音识别工具相比，Kaldi 具有以下技术特性。

（1）核心代码使用 C++开发，维护简单。

（2）基于现代语音识别技术。

（3）采用 FST（Finite State Transducers）解码器。

（4）支持线性代数扩展。

（5）开源协议限制最小。

（6）提供基于构建语音识别系统的完整方法。

（7）拥有代码测试例程。

3. 远场语音识别备受期待

如图 1.6 所示，按照音源与拾音器之间的距离，可以分为近场语音和远场语音。

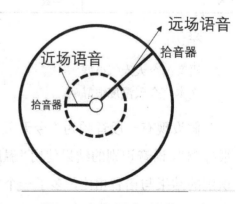

图 1.6 近场语音和远场语音

在近场语音识别中，用户点击手持设备上的按钮后开始说话，点击操作发挥了类似远场语音识别中的语音唤醒（VT）效果，同时由于信噪比较高，可以不需要借助语音激活检测（VAD），通过简单的算法就可以判断出是否有语音。手机上的语音助手或人工智能助力，其语音识别都是近场语音识别。而远场语音识别是语音交互领域的重要技术，能够将远距离条件下（一般为 1 米～10 米）收到的语音转化为计算机可读内容。与近场语音技术相比，远场语音技术的应用更贴近生活，目前远场语音技术广泛应用于智能家居、会议转录、车载导航等。

知识点 5：自动语音识别的评估指标

常用的自动语音识别评估指标包括字错误率（Word Error Rate，WER）和句错误率（Sentence Error Rate，SER）。

1. 字错误率

在自动语音识别中，识别出的语句与原语句之间会有区别，这是因为在自动语音识别过程中，训练模型为了让识别出的语句序列和原语句序列保持一致，需要替换、删除或插入某些词，让语义接近或保持原语句的语义。而这些插入、替换或删除的词的总字数，除以原语句中的总字数得到的百分比，就是 WER，在语音识别产品中，WER 越小表示语音识别效果越好。WER 公式如下，公式中字母含义如表 1.1 所示。

$$WER = \frac{S+D+I}{N} \times 100\%$$

表 1.1　WER 公式中字母含义

对 应 字 母	中 文 含 义	解 释 说 明
S（Substitution）	替换	被替换的字的个数
D（Deletion）	删除	删除的字的个数
I（Insertion）	插入	增加的字的个数
N	总字数	原语句中的总字数

举例：

语音：今天天气很好
文本：今天温度很好啊

假设现有一段音频为"今天天气很好"。通过语音识别得到的文本结果为"今天温度很好啊"。语音识别的结果使用"温度"替换了"天气"，所以替换的字的个数为 2，即 S=2。识别的结果与语音相比，多了一个"啊"，所以插入的字的个数为 1，即 I=1。语音的总字数为 6，即 N=6。则使用公式可以得到 WER 为 50%。

2．句错误率

SER 即自动语音识别过程中句子的错误率。如何判定一句话是否识别错误呢？在语音识别过程中，如果某一句话中有一个字、词被识别错误，这句话就被认为是识别错误的句子。SER 的计算方式为存在错误的句子个数除以总的句子个数，具体公式如下：

$$SER = \frac{存在错误的句子个数}{总的句子个数} \times 100\%$$

举例：

语音：大家好，我叫李华
文本：大家好，我叫小花

假设现在音频为"大家好，我叫李华"，语音识别结果为"大家好，我叫小花"。语音的句子个数为 2，其中有一个句子存在识别错误，则使用公式可以得到 SER 为 50%。

项目实施：语音识别应用——智能语音输入

基于知识准备的学习，同学们已经掌握了自动语音识别的基本含义，了解到自动语音识别技术的应用及发展历程，也了解到评估自动语音识别的基本指标。接下来将通过百度 AI 开放平台及相应的自动语音识别基础知识实现智能语音输入。项目的实施流程如图 1.7 所示。

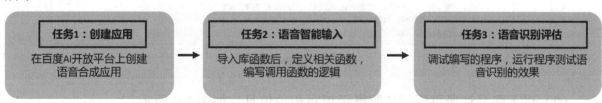

图 1.7　项目的实施流程

任务1

创建应用

在使用百度 AI 开放平台之前，需要先注册百度账号。通过以下步骤注册百度账号，与百度 App、百度贴吧、百度网盘、百度知道等产品通用。如果已有百度账号，则可以忽略此步骤。账号注册完成后，使用百度账号登录百度 AI 开放平台创建语音识别应用。

步骤1：注册百度账号

（1）使用百度搜索引擎搜索"注册百度账号"，搜索结果如图 1.8 所示，单击"注册百度账号"网页链接，进入网页。

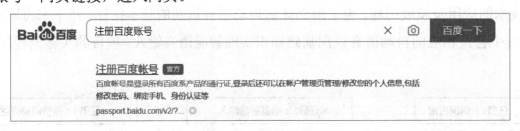

图1.8　搜索结果[①]

（2）进入账号注册页面，按照提示填写相关信息，如图 1.9 所示。

图1.9　账号注册页面

_____

① 图 1.8 中"帐号"的正确写法应为"账号"，后文同。

- 用户名：设置后不可更改，中英文均可，最长 14 个英文字母或 7 个汉字。

- 手机号：用于登录或找回密码。

- 密码：长度为 8～14 个字符，至少包含字母、数字、标点符号中的两种，不允许有空格、中文。

（3）相关信息填写完成后，单击"获取验证码"按钮，接收手机短信，将验证码输入对应的输入框。

（4）勾选页面下方的"阅读并接受《百度用户协议》及《百度隐私权保护声明》"复选框，单击"注册"按钮即可完成注册。

（5）如果在注册或登录过程中遇到问题，则可以搜索并进入百度账号帮助中心，查看对应的问题及解决方案，如图 1.10 所示。

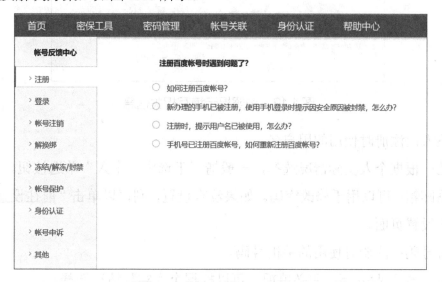

图 1.10 百度账号帮助中心

（6）如果问题依旧无法解决，则可以单击页面右下角的信封图标，通过咨询在线客服或提供意见反馈的方式寻求百度技术服务人员的帮助，如图 1.11 所示。

图 1.11 在线客服和意见反馈

步骤 2：完成开发者认证

百度账号注册完成后，再次登录百度 AI 开放平台会进入开发者认证页面，用户可以通过以下步骤填写相关信息完成开发者认证。如果已经是百度云用户或百度开发者中心用户，则可以忽略此步骤。

（1）按照提示填写相关信息，如图1.12所示。

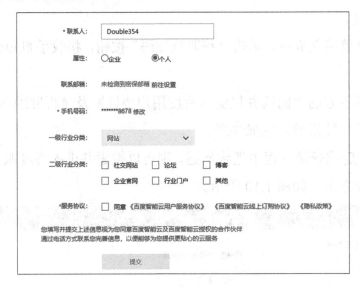

图1.12　按照提示填写相关信息

- 联系人：注册时使用的用户名。
- 属性：根据个人实际情况选择，一般情况下选中"个人"单选按钮。
- 联系邮箱：可以用于修改密码。如果没有设置，则可以单击"前往设置"文字链接进入设置页面。
- 手机号码：注册时使用的手机号码。
- 一级/二级行业分类：非必填项，可以根据个人实际情况选择。

（2）勾选"同意《百度智能云用户服务协议》《百度智能云线上订购协议》《隐私政策》"复选框，单击"提交"按钮即可完成百度开发者认证。

（3）完成开发者认证后即可进入控制台，在控制台的"总览"页面中，可以查看已开通的服务、消费订单、工单等情况，如图1.13所示。

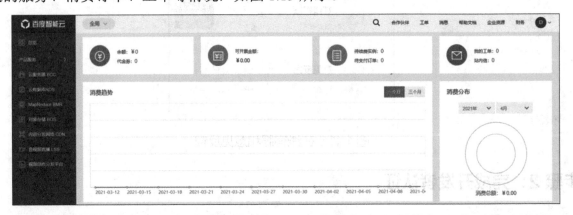

图1.13　"总览"页面

（4）如果需要修改开发者认证信息，则可以单击右上角的账号头像图标，在弹出的下拉列表中选择"用户中心"选项，进入账号信息页面，如图1.14所示。

图1.14 选择"用户中心"选项

（5）在页面最上方的"基本信息"一栏中，即可查看开发者认证信息，如图 1.15 所示。单击该栏右侧的"编辑"文字链接，即可修改认证属性及行业分类。

图1.15 开发者认证信息

步骤3：登录百度AI开放平台

完成开发者认证后，就可以使用百度AI开放平台和平台上的各种工程工具，包括智能数据服务平台。接下来，通过以下操作，进入百度AI开放平台，熟悉平台的基本操作。

（1）打开浏览器，在搜索框中输入"百度AI开放平台"并搜索，在搜索结果中找到目标链接，单击链接进入百度AI开放平台主页，如图1.16所示。

图1.16 百度AI开放平台主页

（2）选择页面右上角的"控制台"选项，使用百度账号进行登录，进入控制台。控制台包括账户的各种信息。注意：控制台分为旧版和新版，图 1.17 为新版控制台。

图 1.17　新版控制台

（3）打开左侧的导航栏，浏览对应的页面内容，了解平台的基本功能，如图 1.18 所示。

图 1.18　导航栏

步骤 4：领取免费资源

在控制台左侧的导航栏中，选择"产品服务"→"语音技术"选项，进入语音技术的"概览"页面。在"概览"页面单击"免费尝鲜"按钮可以领取免费资源，如图 1.19 所示。免费领取语音识别、呼叫中心语音、语音合成的全部接口，领取后等待一段时间即可使用。

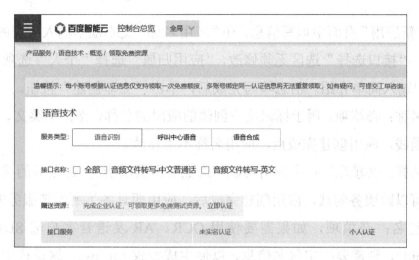

图 1.19　领取免费资源

步骤 5：创建语音识别应用

领取免费资源后，重新回到语音技术的"概览"页面，创建语音识别应用。

（1）单击"创建应用"按钮进入"创建新应用"页面，如图 1.20 所示。

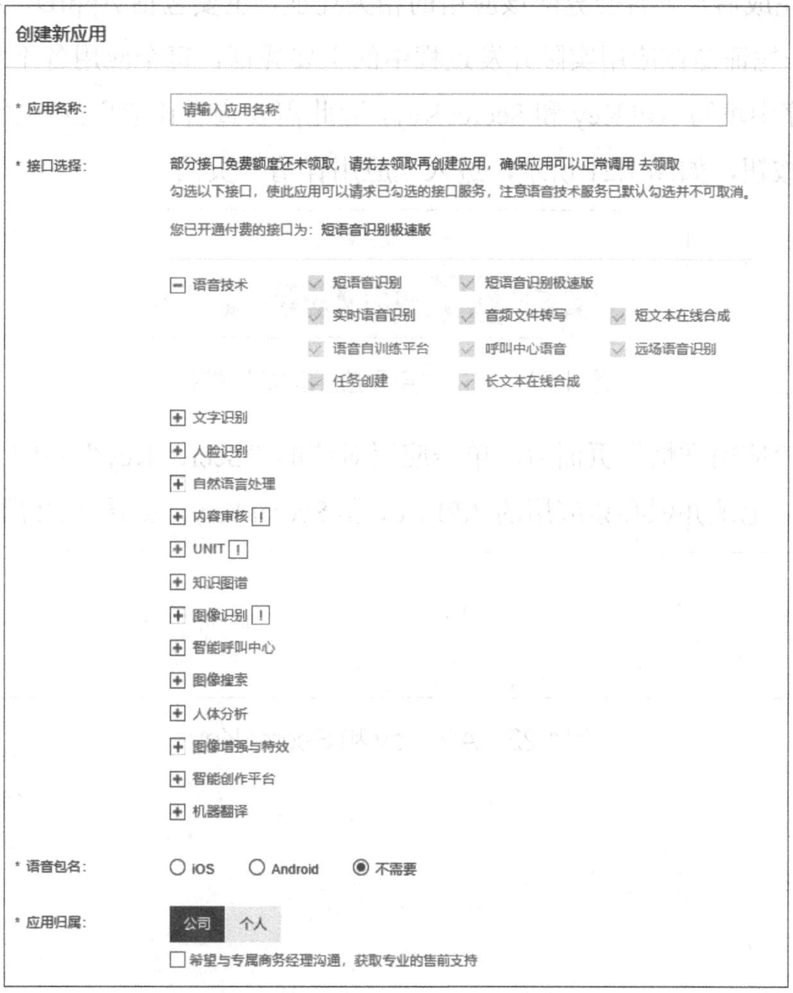

图 1.20　"创建新应用"页面

在"创建新应用"页面中填写信息。在"应用名称"文本框中输入应用的名称，如"智能语音输入"，"接口选择"选区无须修改，"应用归属"选择"个人"选项，在"应用描述"文本框中输入简单介绍。信息填写完成后，单击"立即创建"按钮。

- 应用名称：必填项，用于标识用户创建的应用的名称，支持中英文、数字、下画线及中横线，应用创建完成后，应用名称不可修改。

- 接口选择：必填项，每个应用可以勾选业务所需的所有 AI 服务的接口权限，应用权限可以跨服务勾选，应用创建完成后，应用即具备了所勾选服务的调用权限。

- 语音包名：必填项，如果需要使用 OCR、AR 及语音客户端 SDK 服务（iOS/Android），则需要绑定包名信息，以便生成授权 License。这里选中"不需要"单选按钮。

- 应用归属：必填项，可以选择公司和个人两种归属。如果选择公司，则可以选填公司名称和所属行业；如果选择个人，则不需要填写其他信息。

- 应用描述：必填项，对此应用的业务场景的描述。

（2）创建完成后，平台会分配该应用的相关凭证，主要包括 AppID、API Key、Secret Key。以上 3 个凭证是在应用实际开发过程中的主要凭证，每个应用各不相同。在本项目中，需要在程序中填写 API Key 和 Secret Key，因此需要查看该应用的相关凭证。单击"查看应用详情"按钮，如图 1.21 所示，进入"应用详情"页面。

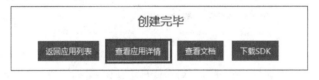

图 1.21 单击"查看应用详情"按钮

（3）进入"应用详情"页面后，单击应用对应的"Secret Key"列的"显示"文字链接，获取密钥，记录并保存该应用的 API Key 和 Secret Key，如图 1.22 所示。

图 1.22 API Key 和 Secret Key

任务 2

语音智能输入

创建语音识别应用后，接下来利用创建的应用进行语音的智能输入。语音智能输入的流程如图 1.23 所示。

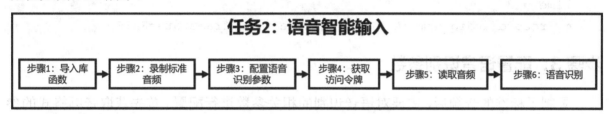

图 1.23　语音智能输入的流程

步骤 1：导入库函数

在语音识别的过程中需要对数据进行编码和解码，以及调用百度 API 进行语音识别等，导入相关的库函数有助于功能的实现。

```
import json
from urllib.request import urlopen
from urllib.request import Request
from urllib.parse import urlencode
from utils import fetch_token
from record import my_record
```

库函数如表 1.2 所示。

表 1.2　库函数

函　数　名	函数的作用
json	将数据格式转换为 JSON 格式
urlopen	对目标网址进行访问
Request	发送网络请求
urlencode	将信息转换为可用于访问的网址
fetch_token	获取访问令牌
my_record	录制标准音频

步骤2：录制标准音频

使用 my_record()函数录制标准的音频。首先指定需要识别音频文件名称，将音频的标准采样率设置为 16000Hz，音频录制的时长为 3 秒，音频存储路径与源代码为同一路径，最后调用 my_record()函数进行音频的录制。

```
# 需要识别的文件路径，支持 PCM、WAV、AMR 格式
# 将音频文件命名为 16k.wav，16k 为音频名称，wav 为音频格式
AUDIO_FILE = '16k.wav'
# 音频采样率，音频格式必须满足采样率
RATE = 16000;
# 音频时长，单位为秒，根据实际输入音频进行调整
time = 3
my_record(audio_name=AUDIO_FILE,time=time,framerate=RATE)
```

步骤3：配置语音识别参数

录制了标准的音频后，需要对语音识别的相关参数进行配置。首先获取音频格式的参数 FORMAT，音频格式支持 PCM、WAV、AMR；其次设置唯一标识参数 CUID，唯一标识统一设置为"123456PYTHON"；然后设置语音识别的语言及对应的模型参数 DEV_PID，默认设置为普通话及语音近场识别模型；最后通过官方文档设置语音识别的地址参数 ASR_URL 和语音识别功能的功能名称 SCOPE。

```
# 文件格式
FORMAT = AUDIO_FILE[-3:];
# 唯一标识
CUID = '123456PYTHON';
# 1537 表示识别普通话
DEV_PID = 1537;
# 语音识别地址
ASR_URL = 'http://vop.baidu.com/server_api'
# 设置语音识别功能的功能名称
SCOPE = 'audio_voice_assistant_get'
```

除了识别普通话（纯中文识别），还可以识别英语、粤语等。不同的语言对应的模型也不同，通过设置 dev_pid 参数进行选择，参数的选择如表 1.3 所示。

表 1.3　语音识别参数的选择

dev_pid	语　　言	模　　型	是否有标点	备　　注
1537	普通话	语音近场识别模型	有标点	支持自定义词库
1737	英语	英语模型	无标点	不支持自定义词库
1637	粤语	粤语模型	有标点	不支持自定义词库

步骤 4：获取访问令牌

在调用 API 接口时，需要进行授权认证，即 Token 认证。Token 在计算机系统中是访问令牌（临时）的意思，拥有 Token 就代表拥有某种权限。为了获取令牌，调用获取令牌函数 fetch_token()，利用 API Key 和 Secret Key 来获取访问令牌。

首先设置 API Key 和 Secret Key，然后调用函数获取访问令牌。代码如下。

```
# 设置 API Key 和 Secret Key
API_KEY = ' '
SECRET_KEY = ' '
# 设置用于请求 Token 的请求地址
TOKEN_URL = 'http://aip.baidubce.com/oauth/2.0/token'
token = fetch_token(API_KEY,SECRET_KEY,TOKEN_URL)
```

此时，token 返回的是访问令牌，使用 Token 即可完成语音识别等工作。

步骤 5：读取音频

根据音频文件存储的路径，利用 Python 读取音频文件。为了防止音频不存在或音频没有语音信息的情况，通过统计读取音频的长度进行判断。如果可以正常读取音频文件，则程序会顺利执行，获取音频的信息，反之会打印错误信息。

小贴士

在 Python 中经常使用列表、元组和字典来存储信息，因为列表的元素是可以任意改变和访问的，所以这里使用列表来存储读取的音频信息。

```
# 定义空列表存储读取的音频信息
speech_data = []
# 读取音频，其中 rb 表示读取文件
# with…as 是固定结构，作用是让代码更简洁
with open(AUDIO_FILE, 'rb') as speech_file:
    speech_data = speech_file.read()
# len()函数的作用是统计读取的音频的长度
length = len(speech_data)
# 如果读取的音频长度为 0，则说明音频信息不存在，打印错误信息
if length == 0:
    raise DemoError('音频信息不存在！')
```

步骤 6：语音识别

利用获得的访问令牌和读取的音频信息对音频进行识别，将识别的结果打印在屏幕

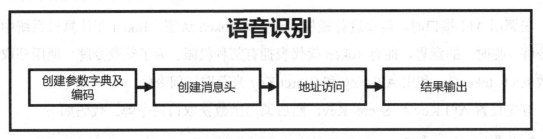

图 1.24　语音识别的流程

（1）创建参数字典及编码：创建字典，存储用于语音识别的所有参数，包括唯一标识、访问令牌和识别的语言类型。使用 urlencode() 函数对创建的参数字典进行编码。

（2）创建消息头：使用字典来创建消息头，用于存储消息头的相关信息，包括读取音频的类别和音频的长度。

（3）地址访问：通过语音识别的地址和参数字典的编码信息获取访问的地址，使用 Request() 函数发送网络请求，以获得语音识别的结果。

（4）结果输出：读取语音识别的结果，打印识别的信息，并将结果保存在 TXT 文件中。

```python
# 创建参数字典
params = {'cuid': CUID, 'token': token, 'dev_pid': DEV_PID}
# 对参数进行编码
params_query = urlencode(params);
# 创建消息头，访问格式为官网固定写法
headers = {
    'Content-Type': 'audio/' + FORMAT + '; rate=' + str(RATE),
    'Content-Length': length
}
# 获取访问的地址
url = ASR_URL + "?" + params_query

# 使用 Request() 函数发送网络请求
req = Request(ASR_URL + "?" + params_query, speech_data, headers)
f = urlopen(req)
# 使用 f.read() 函数获得语音识别的结果
result_str = f.read()
# 使用 str() 函数将结果转换为 utf-8
result_str = str(result_str, 'utf-8')
# 打印结果
print(result_str)
```

```
# 将语音识别结果保存在 TXT 文件中
with open("result.txt", "w") as of:
    of.write(result_str)
```

运行代码，打印语音识别的结果，同时将语音识别的结果保存在 TXT 文件中，TXT 文件内容如下。

{"corpus_no":"7107079503504014300","err_msg":"success.","err_no":0,"result":["好好学习，天天向上"],"sn":"86832147911654745895"}

任务 3

语音识别评估

字错误率和句错误率是语音识别的常用评估指标，利用这两个评估指标对语音识别的结果进行评估，计算语音识别的字错误率和句错误率并将结果记录下来。

步骤 1：统计音频的长度

根据字错误率和句错误率的计算公式，需要统计音频的词的总个数和句子的总个数。开发人员对音频的词的长度和句子的长度进行统计。

步骤 2：计算字错误率和句错误率

通过原始的音频文件及音频识别的结果计算字错误率和句错误率。并将结果记录在表 1.4 和表 1.5 中。

表 1.4　字错误率统计表

音 频 名 称	总 字 数	被替换的字的个数	删除的字的个数	增加的字的个数	字 错 误 率

表 1.5　句错误率统计表

音 频 名 称	句 子 总 数	错误识别句子数量	句 错 误 率

测一测

1. 广义的语音识别的作用是将人类语音中的词汇内容转换为计算机可读的输入，以下选项中，不属于计算机可读的输入的是（　　　）。

　　A．文本内容　　　B．字符序列　　　C．二进制编码　　　D．音频内容

2. 自动语音识别技术可以视作可随身携带的（　　　）。

　　A．人机技术　　　B．翻译技术　　　C．人机接口　　　D．智能机器人

3．自动语音识别发展到今天已经有 70 多年的历史，从工作原理的角度，自动语音识别的发展不包括下列哪个阶段（　　）

A．GMM-HMM 模型阶段　　　　　　　B．GMM-DNN 模型阶段

C．DNN-HMM 模型阶段　　　　　　　D．端到端模型阶段

4．目前，主流语音识别框架还是由 3 部分组成：声学模型、（　　）和解码器，部分框架还包括前端处理和后处理。

A．语言模型　　　B．语音模型　　　C．声音模型　　　D．发声模型

5．在语音识别中，利用（　　）评估指标对语音识别的结果进行评估。

A．字错误率　　　　　　　　　　　　B．句错误率

C．字错误率和句错误率　　　　　　　D．以上均不是

做一做

两名同学为一组（理想状态是男女同学各一名），按照表 1.6 的要求阅读《沁园春·雪》，使用计算机自带的录音机进行录音，并将得到的音频文件重命名为 data1.m4a、data2.m4a、data3.m4a、data4.m4a（每名同学产生 4 个音频文件）。使用项目实施的代码对音频文件进行识别，利用评估指标计算字错误率和句错误率，将结果填入表 1.6 中。读取的文章如下。

《沁园春·雪》

毛泽东

北国风光，千里冰封，万里雪飘。望长城内外，惟余莽莽；大河上下，顿失滔滔。山舞银蛇，原驰蜡象，欲与天公试比高。须晴日，看红装素裹，分外妖娆。江山如此多娇，引无数英雄竞折腰。惜秦皇汉武，略输文采；唐宗宋祖，稍逊风骚。一代天骄，成吉思汗，只识弯弓射大雕。俱往矣，数风流人物，还看今朝。

表 1.6　实验结果记录表

姓　　名	阅读的语速		阅读的声音	字 错 误 率	句 错 误 率
	正常		小声		
			大声		
	快速		小声		
			大声		
	正常		小声		
			大声		
	快速		小声		
			大声		

一、项目目标

学习本项目后，将自己的掌握情况填入表 1.7，并对项目目标进行难度评估。评估方法：对相应项目目标后的☆进行涂色，难度系数范围为 1～5。

表 1.7　项目目标自测表

序　号	项　目　目　标	目标难度评估	是否掌握（自评）
1	了解自动语音识别的概念	☆☆☆☆☆	
2	了解自动语音识别的应用	☆☆☆☆☆	
3	了解自动语音识别的发展历程	☆☆☆☆☆	
4	熟悉自动语音识别技术的现状和发展趋势	☆☆☆☆☆	
5	理解自动语音识别的原理	☆☆☆☆☆	
6	理解自动语音识别的评估指标	☆☆☆☆☆	
7	能够编写程序，调用自动语音识别接口，实现自动语音输入	☆☆☆☆☆	
8	能够对语音识别效果进行评估	☆☆☆☆☆	

二、项目分析

通过学习自动语音识别相关知识，调用百度 AI 开放平台的自动语音识别能力，实现智能语音输入功能。请将项目具体实现步骤（简化）填入图 1.25 横线处。

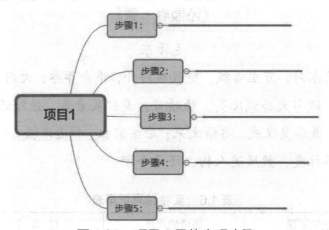

图 1.25　项目 1 具体实现步骤

三、知识抽测

1. 看图连线并简单概括其含义。

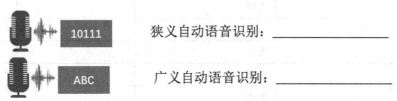

狭义自动语音识别：＿＿＿＿＿＿＿＿＿＿

广义自动语音识别：＿＿＿＿＿＿＿＿＿＿

2．计算下面语音识别结果的字错误率。

语音：昨天比今天天气好很多
文本：昨个比今个温度好

WER=＿＿＿＿＿＿

四、任务 1 创建应用

在学习之前，你了解的百度账号都有什么功能？学习完任务 1 后，又发现了哪些功能？用绘画的方式描述"我眼中的百度账号"，填入表 1.8。

表 1.8　我眼中的百度账号

学习之前	学习之后

五、任务 2 语音智能输入

对于语音识别的步骤进行排序并填入〇中，与具体步骤使用的函数或参数进行连线，并解释函数或参数的作用。

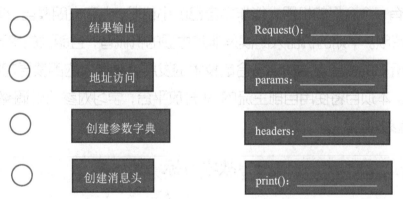

〇　结果输出　　　　Request()：＿＿＿＿＿＿

〇　地址访问　　　　params：＿＿＿＿＿＿

〇　创建参数字典　　headers：＿＿＿＿＿＿

〇　创建消息头　　　print()：＿＿＿＿＿＿

六、任务 3 语音识别评估

将下列短文录制成音频，计算字错误率和句错误率。

音频资料：扁担长，板凳宽，板凳没有扁担长，扁担没有板凳宽。扁担要绑在板凳上，板凳偏不让扁担绑在板凳上。

识别结果为：＿＿＿＿＿＿＿＿＿＿＿＿＿＿＿＿＿＿＿＿＿＿＿＿＿＿＿＿＿＿＿＿＿＿＿＿＿

＿＿＿

字错误率：$WER = \dfrac{S+D+I}{N} \times 100\% =$

句错误率：$SER = \dfrac{存在错误的句子个数}{总的句子个数} \times 100\% =$

项目 2

扫一扫，观看微课

语音合成：让虚拟机器人能说话

项目背景

随着科技的高速发展，人们的生活节奏也在不断加快。在紧张的学习和工作的同时，人们一直期待有一个合格的机器人能作为自己的小秘书，由它去朗读自己收到的信息，讲讲小说，朗诵诗歌。早期的机器人朗读是非常生硬的机械音，且朗读的错误率很高，强烈遏制了使用者听书的欲望。随着语音合成技术的发展，机器人的朗读更加接近真人发音，感情色彩丰富。本项目将使用目前主流的 AI 开放平台，学习对参数的调整，为不同 AI 角色设置较优的参数值。

教学目标

（1）了解语音合成的概念。

（2）了解语音合成的应用。

（3）理解语音合成的工作原理。

（4）理解语音合成的评价指标。

（5）能够编写程序，调用语音合成接口，实现文本转语音。

（6）能够对语音合成效果进行评分。

项目分析

在本项目中，首先对语音合成相关知识进行学习，具体知识准备思维导图如图 2.1 所示。然后借助百度 AI 开放平台，通过调用该平台的语音合成能力，实现对文档的语音合成，通过 MOS 评分，找到平台最佳效果的参数值。具体分析如下。

（1）从语音合成的概念、原理、应用、关键技术等角度，认识语音合成。

（2）学习语音合成的常见评价方式

（3）在百度 AI 开放平台上，创建语音合成应用。

（4）编写程序，定义相关函数，对文本进行语音合成。

（5）运用 MOS 语音合成评价方式，评价该项目的合成效果。

知识准备

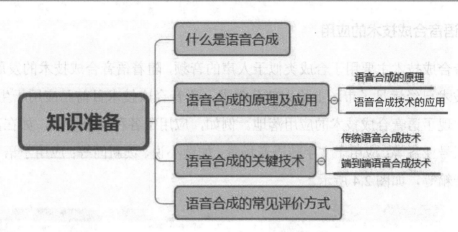

图 2.1　知识准备思维导图

知识点 1：什么是语音合成

语音合成（Text To Speech，TTS）是由文字生成声音的过程，通俗点说，就是让机器根据人的指令发出声音，将文字转化为语音的一种技术，如图 2.2 所示，类似于人类的嘴巴，通过不同的音色说出想表达的内容。

图 2.2　语音合成

知识点 2：语音合成的原理及应用

1. 语音合成的原理

语音合成主要分为语言分析部分和声学系统部分，也被称为前端部分和后端部分，如图 2.3 所示。语言分析部分主要对输入的文字信息进行分析，生成对应的语言学规格书，让计算机想好该怎么读；声学系统部分主要根据语音分析部分提供的语音学规格书，生成对应的音频，实现发声的功能。

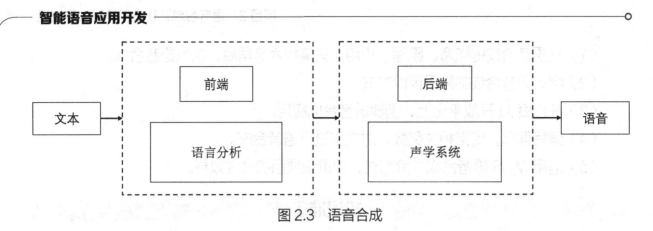

图 2.3 语音合成

2. 语音合成技术的应用

语音合成技术主要用于合成类似于人声的音频,随着语音合成技术的发展,当前的语音合成技术已经满足了市场上绝大部分需求,语音合成技术目前已应用于生活中的各种场景,实现了语音合成技术的应用落地。例如,应用于各种播报场景,如在高铁、机场、医院的叫号业务等;应用于文字转语音场景,如读小说、读新闻等;应用于语音交互产品,如智能音箱等,如图 2.4 所示。

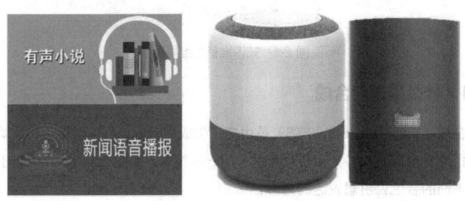

图 2.4 部分语音合成技术的应用

随着人工智能的普及,目前国内涌现一些比较流行的语音合成厂商,如科大讯飞、阿里巴巴、百度等,通过打造技术能力开放平台,构建开源生态,实现简单的语音合成。同时,随着国内电商及直播等行业的快速发展,拟人化、口语化等发展需求,促进着语音合成技术的更新。其中,科大讯飞的语音合成系统 SMART-TTS,有着多种风格、多种情感的鲜明特点,提供 11 种强度可调的情感合成能力;火山语音的超自然对话语音合成,为番茄小说、畅听及国际化业务提供高质量、多元化的 AI 朗读能力,打造成熟的精品 AI 有声书的方案。

知识点 3:语音合成的关键技术

1. 传统语音合成技术

传统语音合成技术主要包括波形拼接语音合成技术和参数语音合成技术。

1）波形拼接语音合成技术

波形拼接语音合成技术通过前期录制大量的音频，尽可能全地覆盖所有的音节、音素，基于统计规则的大语料库拼接对应的文本音频，通过对已有库中的音节进行拼接，实现语音合成的功能。波形拼接技术需要大量的录音，才能取得良好的效果，好的语音库的录音量要在 50 小时以上。使用波形拼接语音合成技术合成的语音的优点是音质好、情感真实。但其缺点更加明显：录音量大、覆盖要求高、字间协同过渡生硬、不自然等。

📖 小知识

音素：音素是从音色角度划分的，是构成音节的最小的语音单位或最小的语音片段。如 chuan，有 4 个音素：ch-u-a-n。

音节：音节是语音结构的基本单位，也是自然感到的最小语音片段。比如飘（piao）是一个音节，而皮袄（pi ao）是两个音节。

2）参数语音合成技术

参数语音合成技术就是将每段音频的特征提取出来，利用这些特征来理解音频表达的内容。首先通过数学方法对已有录音的频谱特征进行提取，再利用这些频谱特征进行建模，构建文本与语音的对应关系，生成语音合成器。其优点在于，参数语音合成技术的录音量小，可多个音色共同训练，字间协同过渡平滑、自然，更贴近人的真实语音等。但与波形拼接语音合成技术相比有着明显的缺点，如音质差、机械感强、有杂音等。

2. 端到端语音合成技术

端到端语音合成技术是目前比较热门的技术，通过神经网络学习的方法，将整个过程分为输入、中间和输出 3 部分。其中，输入部分直接输入文本或注音字符，中间部分为神经网络学习，输出部分为合成的音频。端到端语音合成技术降低对语言学知识的要求，可以实现多种语言的语音合成。使用端到端语音合成技术合成的语音，声音更加贴近真人。其优点在于，对语言学知识要求低，录音量小，合成的音频拟人化程度更高，效果好。但也存在明显的缺点，如性能低，合成的音频不能人为调优等。

几种语音合成技术，在合成的过程中均有明显的优缺点，在使用时，需要有机结合，扬长避短。三种语音合成技术的对比如表 2.1 所示。

表 2.1　三种语音合成技术的对比

名　称	优　点	缺　点
波形拼接语音合成技术	实现简单、音质好、情感真实	所需存储容量大，录音量大，词汇量少

名　　称	优　　点	缺　　点
参数语音合成技术	音库较小，韵律特征范围较宽，比特率低，音质适中	算法复杂，参数多，合成的语音不够自然、清晰
端到端语音合成技术	对语言知识要求低，录音量小，声音更加贴近真人	性能低，合成音频不能调优

知识点4：语音合成的常见评价方式

合成语音后对其进行效果评价是至关重要的，直接影响语音合成效果的指标有：可懂度和自然度。可懂度就是合成的语音能否让人们听懂，主要是主观评价，目前使用大部分语音合成技术合成的语音的可懂度较好。自然度就是比较合成语音和原始语音之间自然度的差距，可以是主观测评，也可以是客观测评，目前很多合成的语音在自然度方面表现欠佳，所以目前主要测评合成的语音的自然度。

语音合成常用的主观测评方式为主观意识评分MOS（Mean Opinion Score），即挑选一定数量的听评人，对语音合成效果进行打分，分值在1～5分之间，从拟人性、连贯性、韵律感等方面对语音进行打分。MOS是主观的评分，没有具体的评分标准，与评价人对音色的喜好，对合成语音内容场景的掌握情况，以及对语音合成的了解程度是强相关的。表2.2为一个MOS评分样例，可以看到其中级别优中设置了三项MOS值，这种细分有助于听评人做差异评价。

表2.2　MOS评分样例

级　　别	MOS值	描　　述
优	5	非常自然，语音达到了广播级水平，很难区分合成语音和广播语音的区别，听起来非常相似。从整体上来说，语音清晰流畅，声音悦耳动听，非常容易理解，听音人乐意接受
	4.5	自然，听起来完整，没有明显不正常的韵律起伏，比较清晰流畅，比较容易理解，达到了普通对话质量，听音人愿意接受
	4	还可以，没有出现明显的分词错误和严重的语言韵律错误，有很少的音节不太清楚，听音人可以没有困难地理解语音的内容，听音人认为可以接受
良	3.5	不太自然，语音还算流畅，语音中的错误比较多，偶尔有几个音节不太清楚，韵律起伏比较正常，错误比较多，多数听音人勉强可以接受
中	3	可以接受，语音不太流畅，有比较容易察觉的语音错误，有一些不太正常韵律起伏，一般情况下可以努力理解语音的内容，听音人不太愿意接受
差	2	比较差，语音不流畅，听起来只是把单独的音节简单地堆砌到一起，没有正常的韵律起伏，有一些词不是很清晰，难以理解，整体上听音人可以听懂一些内容，但是不能接受
劣	1	明显是机器音，很不清楚，语音不流畅，只能听懂只言片语，基本上无法理解，完全不能接受

项目实施：文本在线语音合成应用——小说情感朗读

　　通过百度 AI 开放平台可以简单、快速地实现小说情感朗读。利用长文本在线合成接口可以将 10 万字以内的小说一次性合成，转换为音频。通过设置参数来选择合成的效果，如音频库、语速、声音大小等。项目的实施流程如图 2.5 所示。

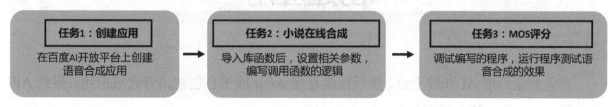

图 2.5　项目的实施流程

任务1

创建应用

首先登录百度 AI 开放平台，然后使用百度 AI 开放平台创建语音合成应用，得到 API Key 和 Secret Key 两个重要信息。

API Key 和 Secret Key 是调用百度 AI 开放平台接口的重要信息，具体含义可以参考项目 1 的说明。下面主要对这两个信息进行获取。

步骤 1：登录百度 AI 开放平台

使用百度搜索引擎搜索"百度 AI 开放平台"，在搜索结果中找到目标链接并单击，进入百度 AI 开放平台官网，如图 2.6 所示。

图 2.6　"百度 AI 开放平台"搜索结果

选择"控制台"选项，输入百度账号和密码，登录百度 AI 开放平台，如图 2.7 所示。

图 2.7　登录百度 AI 开放平台

步骤 2：创建语音合成应用

进入控制台，查看控制台的全局结构，包括消费趋势、消费分布、安全监测及各个板块的使用情况。

打开左侧的导航栏，选择"产品服务"→"语音技术"选项，进入语音技术的"概览"页面。单击"创建应用"按钮创建语音合成应用，得到 API Key 和 Secret Key，此时需要记录 API Key 和 Secret Key 的信息用于后续接口的调用，如图 2.8 所示。

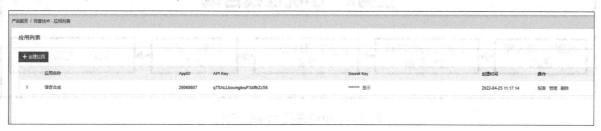

图 2.8　API Key 和 Secret Key 的信息

任务2

小说在线合成

在创建语音合成应用后，接下来进行小说在线合成。首先导入需要用到的各个库函数，设置语音合成的相关参数，如音频库、语速、语调、音量和保存的音频格式等。然后根据任务 1 获取的 API Key 和 Secret Key 通过信息的编码和解码获取语音合成的访问令牌。接着在本地创建 Python 程序，使用 Python 程序读取准备好的文本数据并利用获取的语音合成访问令牌进行语音合成。最后将语音合成的结果保存为指定格式的音频文件。小说在线合成的流程如图 2.9 所示。

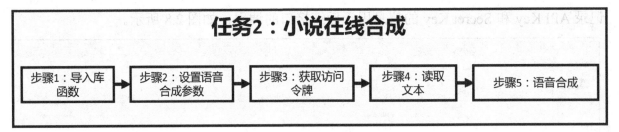

图 2.9　小说在线合成的流程

步骤 1：导入库函数

导入代码中需要的各种库函数。

```
from urllib.request import urlopen
from urllib.request import Request
from urllib.parse import urlencode
from urllib.parse import quote_plus
from utils import fetch_token
```

库函数如表 2.3 所示。

表 2.3　库函数

函 数 名	函数的作用
urlopen	对目标网址进行访问
Request	用于发送网络请求
urlencode	将信息转换为可用于访问的网址

函 数 名	函数的作用
quote_plus	将信息按照规则进行编码并转换为计算机语言
fetch_token	获取访问令牌

步骤 2：设置语言合成参数

先设置语音合成的音频库、语速、语调、音量和保存的音频格式。然后设置音频扩展名、唯一标识和语音合成请求地址。代码如下。

```
#发音人选择，基础音库：0 为度小美，1 为度小宇，3 为度逍遥，4 为度丫丫
#精品音库：5 为度小娇，103 为度米朵，106 为度博文，110 为度小童，111 为度小萌，默认为度小美
PER = 0
#语速，取值范围为 0～15，默认为 5，中语速
SPD = 5
#音调，取值范围为 0～15，默认为 5，中语调
PIT = 5
#音量，取值范围为 0～9，默认为 5，中音量
VOL = 5
#下载的文件格式，3：MP3(默认)，4：PCM-16k，5：PCM-8k，6：WAV
AUE = 3

# 设置扩展名
FORMATS = {3: "mp3", 4: "pcm", 5: "pcm", 6: "wav"}
FORMAT = FORMATS[AUE]


#唯一标识
CUID = "123456PYTHON"


#写入百度官网提供的语音合成请求地址
TTS_URL = 'http://tsn.baidu.com/text2audio'
```

各参数说明如表 2.4 所示。

表 2.4 语音合成参数说明

参 数	是否必填	描 述
tex	必填	合成的文本，使用 UTF-8 编码
tok	必填	开放平台获取到的开发者 access_token
cuid	必填	用户唯一标识，用来计算 UV 值。
ctp	必填	客户端类型选择，Web 端填写固定值 1

参　　数	是否必填	描　　述
lan	必填	固定值为 zh。语言选择，目前只有中英文混合模式，填写固定值 zh
spd	选填	语速，取值范围为 0～15，默认为 5 中语速
pit	选填	音调，取值范围为 0～15，默认为 5 中语调
vol	选填	音量，取值范围为 0～9，默认为 5 中音量（取值为 0 时为音量最小值，并非为无声）
per（基础音库）	选填	度小宇=1，度小美=0，度逍遥（基础）=3，度丫丫=4
per（精品音库）	选填	度逍遥（精品）=5003，度小鹿=5118，度博文=106，度小童=110，度小萌=111，度米朵=103，度小娇=5
aue	选填	3 为 MP3 格式（默认）；4 为 PCM-16k；5 为 PCM-8k；6 为 WAV（内容同 PCM-16k）。注意 AUE=4 或 6 是语音识别要求的格式，但是音频内容不是语音识别要求的自然人发音，所以识别效果会受影响

步骤 3：获取访问令牌

在调用 API 接口时，需要进行授权认证，即 Token 认证。Token 在计算机系统中代表访问令牌（临时）的意思，拥有 Token 就代表拥有某种权限。为了获取令牌，调用获取令牌函数 fetch_token()，利用 API Key 和 Secret Key 来获取访问令牌。

首先设置 API Key 和 Secret Key，然后调用函数获取访问令牌。代码如下。

```
#填写任务 1 中记录的 API Key（任务 1 中记录的）
API_KEY = ' '
#填写任务 1 中记录的 Secret Key
SECRET_KEY = ' '
# 设置用于请求 Token 的请求地址
TOKEN_URL = 'http://aip.baidubce.com/oauth/2.0/token'
#调用函数获取访问令牌
token = fetch_token(API_KEY,SECRET_KEY,TOKEN_URL)
```

执行代码会输出根据 API Key 和 Secret Key 获取的访问令牌。

步骤 4：读取文本

利用 Python 程序首先逐行读取 TXT 文本。需要注意的是，读取 TXT 文本时需要确保文本路径正确。然后对读取的文本进行编码，以得到计算机能识别的信息。

这里使用《沁园春·雪》的片段作为语音合成的材料。先利用 Python 语言读取文本，然后对文本进行编码。代码如下。

```
with open('沁园春·雪.txt', encoding='utf-8') as f:  #填写需要合成的文本路径
    line = f.readline().strip()   #逐行读取文本内容并去掉文本首尾的空格
print("文本为：", line)  #打印文本内容
print()
tex = quote_plus(line)   #对每行文本进行编码
print("编码信息为：", tex)  #打印编码内容
```

运行代码得到读取的文本信息及与文本对应的编码信息。其中，编码信息是指将文本信息按照规则转换后的 UTF-8 信息，文本不同，得到的编码信息也不同。本次文本的编码信息输出结果如下。

文本为：　北国风光，千里冰封，万里雪飘。望长城内外，惟余莽莽；大河上下，顿失滔滔。山舞银蛇，原驰蜡象，欲与天公试比高。须晴日，看红装素裹，分外妖娆。江山如此多娇，引无数英雄竞折腰。惜秦皇汉武，略输文采；唐宗宋祖，稍逊风骚。一代天骄，成吉思汗，只识弯弓射大雕。俱往矣，数风流人物，还看今朝。

编码信息为：

%E5%8C%97%E5%9B%BD%E9%A3%8E%E5%85%89%EF%BC%8C%E5%8D%83%E9%87%8C%E5%86
%B0%E5%B0%81%EF%BC%8C%E4%B8%87%E9%87%8C%E9%9B%AA%E9%A3%98%E3%80%82%E6%9C%
9B%E9%95%BF%E5%9F%8E%E5%86%85%E5%A4%96%EF%BC%8C%E6%83%9F%E4%BD%99%E8%8E%B
D%E8%8E%BD%EF%BC%9B%E5%A4%A7%E6%B2%B3%E4%B8%8A%E4%B8%8B%EF%BC%8C%E9%A1%BF
%E5%A4%B1%E6%BB%94%E6%BB%94%E3%80%82%E5%B1%B1%E8%88%9E%E9%93%B6%E8%9B%87
%EF%BC%8C%E5%8E%9F%E9%A9%B0%E8%9C%A1%E8%B1%A1%EF%BC%8C%E6%AC%B2%E4%B8%8E%E
5%A4%A9%E5%85%AC%E8%AF%95%E6%AF%94%E9%AB%98%E3%80%82%E9%A1%BB%E6%99%B4%E6
%97%A5%EF%BC%8C%E7%9C%8B%E7%BA%A2%E8%A3%85%E7%B4%A0%E8%A3%B9%EF%BC%8C%E5%
88%86%E5%A4%96%E5%A6%96%E5%A8%86%E3%80%82%E6%B1%9F%E5%B1%B1%E5%A6%82%E6%A
D%A4%E5%A4%9A%E5%A8%87%EF%BC%8C%E5%BC%95%E6%97%A0%E6%95%B0%E8%8B%B1%E9%9B
%84%E7%AB%9E%E6%8A%98%E8%85%B0%E3%80%82%E6%83%9C%E7%A7%A6%E7%9A%87%E6%B1%
89%E6%AD%A6%EF%BC%8C%E7%95%A5%E8%BE%93%E6%96%87%E9%87%87%EF%BC%9B%E5%94%9
0%E5%AE%97%E5%AE%8B%E7%A5%96%EF%BC%8C%E7%A8%8D%E9%80%8A%E9%A3%8E%E9%AA%9A
%E3%80%82%E4%B8%80%E4%BB%A3%E5%A4%A9%E9%AA%84%EF%BC%8C%E6%88%90%E5%90%89%
E6%80%9D%E6%B1%97%EF%BC%8C%E5%8F%AA%E8%AF%86%E5%BC%AF%E5%BC%93%E5%B0%84%E
5%A4%A7%E9%9B%95%E3%80%82%E4%BF%B1%E5%BE%80%E7%9F%A3%EF%BC%8C%E6%95%B0%E9
%A3%8E%E6%B5%81%E4%BA%BA%E7%89%A9%EF%BC%8C%E8%BF%98%E7%9C%8B%E4%BB%8A%E6
%9C%9D%E3%80%82

步骤 5：语音合成

语音合成将文本转换为语音，利用编码的 TXT 文本及语音合成的地址和参数进行语音合成，流程如图 2.10 所示。

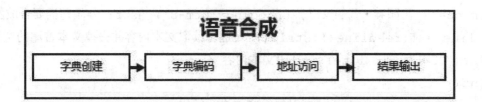

图 2.10　语音合成流程

　　首先创建字典，存储语音合成用到的所有参数，如 UTF-8 编码的文本、访问令牌、音频库、语速、语调、音量等。然后对字典进行 URL 编码，利用语音合成请求地址和字典的 URL 编码进行网络请求访问。最后将访问的结果存储在音频文件中。代码如下。

```
#参数设置
params = {'tok': token, 'tex': tex, 'per': PER, 'spd': SPD, 'pit':
PIT, 'vol': VOL, 'aue': AUE, 'cuid': CUID, 'lan': 'zh', 'ctp': 1}
#进行 URL 编码
data = urlencode(params)
#进行网络请求访问
req = Request(TTS_URL, data.encode('utf-8'))
#对网址进行访问
f = urlopen(req)
#读取访问的结果
result_str = f.read()
save_file = 'result.' + FORMAT
#将结果存储在音频信号中
with open(save_file, 'wb') as of:
    of.write(result_str)
#打印结果信息
print("result saved as :" + save_file)
```

　　运行代码，会在语音合成 Python 程序文件夹下得到 result.mp3 音频文件，这个音频文件就是小说语音合成的结果。

任务3

MOS 评分

MOS 是经常用于语音合成的评估指标。首先准备 MOS 得分表，分别寻找 5 位同学对语音合成的结果进行评分，然后计算 5 位同学评分的平均值作为语音合成的最终评分结果。MOS 评分表如表 2.5 所示。

表 2.5　MOS 评分表

MOS 分值	等　　级	语　音　质　量
5	优	优秀，流畅自然，达到广播级水平
4	良	良好，较清楚，交流较顺畅，有点杂音
3	中	可以接受，大体能听懂，有一些小的失误
2	较差	比较差，模糊，难以听清
1	很差	很差，基本上无法理解，完全不能接受

在任务 2 的步骤 2 中，对 4 类发音人，调整各项参数，对 TXT 文本进行语音合成输出，按照 MOS 评分表，达到良及以上效果，并将参数设置记录在表 2.6 中。

表 2.6　4 类发音人达到良及以上效果参数记录表

测 试 编 号	PER	SPD	PIT	VOL	MOS 得分
1	0				
2	1				
3	3				
4	4				

测一测

1. 语音合成是由（　　）的过程，通俗地说，就是让机器按人的指令发出声音。

　　A．图像生成文字　　　　　　　　　　　B．语音生成文字

　　C．文字生成语音　　　　　　　　　　　D．语音生成图像

2. 传统的语音合成技术包括波形拼接语音合成技术与（　　）合成技术。

　　A．智能语音　　　　　　　　　　　　　B．参数语音

C．端到端　　　　　　　　　　　　　D．神经网络

3．下面对端到端语音合成技术描述错误的是（　　　）。

    A．端到端语音合成技术是目前比较热门的技术，通过神经网络学习的方法实现语音合成

    B．端到端语音合成技术大大降低了对语言学知识的要求

    C．端到端语音合成技术可以实现多种语言的语音合成，不受语言学知识的限制

    D．端到端语音合成技术的缺点在于对语言学知识要求较高，优点是合成的语音拟人化程度更高，效果好，录音量小

4．目前关于语音合成效果的评判标准，比较常用的是（　　　）。

    A．MOS 值测试　　　　　　　　　　B．TTS 值测试

    C．SPD 值测试　　　　　　　　　　D．VOL 值测试

5．在编写代码时，可以通过调整（　　　）参数调整语速。

    A．SPD　　　　　　　　　　　　　　B．PIT

    C．VOL　　　　　　　　　　　　　　D．PER

做一做

    两名同学为一组，对语音合成的参数进行设置，包括音频库（PER）的选择，语速（SPD）、语调（PIT）和音量（VOL）的调节。利用调整好的参数运行语音合成代码文件，得到语音合成结果。使用 MOS 方法进行评分，将此时的参数值和得分记录到表 2.7 中。再次调整参数，利用同样的方法得到 MOS 评分。多次调整参数，直到达到最优结果。

表 2.7　语音合成结果记录表

语音合成文本内容	PER	SPD	PIT	VOL	MOS 评分

项目 2　语音合成：让虚拟机器人能说话

一、项目目标

学习本项目后，将自己的掌握情况填入表 2.8，并对相应项目目标进行难度评估。评估方法：对相应项目目标后的☆进行涂色，难度系数范围为1~5。

表 2.8　项目目标自测表

序　号	项 目 目 标	目标难度评估	是否掌握（自评）
1	了解语音合成的概念	☆☆☆☆☆	
2	了解语音合成的应用	☆☆☆☆☆	
3	理解语音合成的工作原理	☆☆☆☆☆	
4	理解语音合成的评价指标	☆☆☆☆☆	
5	能够编写程序，调用语音合成接口，实现文本转语音	☆☆☆☆☆	
6	能够对语音合成效果进行评分	☆☆☆☆☆	

二、项目分析

通过语音合成相关知识的学习与辨析，调用百度 AI 开放平台的自动语音合成能力，实现智能语音输入合成。请将项目具体实现步骤（简化）填入图 2.11 横线处。

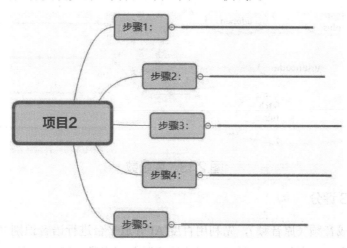

图 2.11　项目 2 具体实现步骤

三、知识抽测

如图 2.12 所示，请同学们结合语音合成图及语音合成的概念，发挥想象，用画的方式表示语音合成。

图 2.12　语音合成图

四、任务 1 创建应用

API Key 和 Secret Key 是调用百度 AI 开放平台接口的重要信息，在了解其含义后，请用便于自己理解的方式描述二者的作用（文字、绘画、标记等方式不限），填入表 2.9。

表 2.9　API Key 和 Secret Key 的作用

API Key	Secret Key

五、任务 2 小说在线合成

如图 2.13 所示，在左侧中挑选出项目 1、项目 2 均调用的库函数，将其填写在横线上，并解释说明其含义。

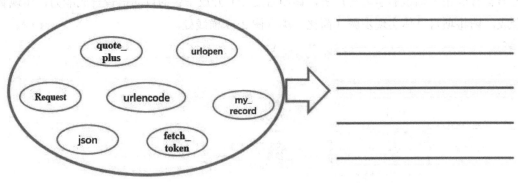

图 2.13　库函数

六、任务 3 MOS 评分

将下列短文录制成音频（原音频），先利用百度 AI 开放平台进行语音识别并生成文字资料，再进行语音合成，生成真人发音音频（现音频），对比原音频与现音频之间的区别。

音频资料：扁担长，板凳宽，板凳没有扁担长，扁担没有板凳宽。扁担要绑在板凳上，板凳偏不让扁担绑在板凳上。

项目**3**

扫一扫，观看微课

声纹识别：让虚拟机器人能识人

项目背景

在以前的社会中，身份证是人们安全出入的唯一凭证，因为一个身份证 ID 只对应一个人。但随着科技的发展，社会越来越智能化，在虚拟网络上的出入凭证不再是身份证，而是人们身上具备的唯一生物属性，如指纹、面部、虹膜、静脉和声纹等。

声纹识别是一种新型的技术手段，与其他生物识别相比，其优势主要体现在以下几点：与指纹识别相比，声纹识别为非接触式识别，更加便捷且安全；与人脸识别相比，声纹识别能有效降低隐私被侵犯的风险；声纹识别只需要麦克风就可以进行声音的采集，能有效降低识别成本。基于声纹识别的多种优势，本项目将使用讯飞开放平台，通过调用声纹识别接口，实现智能门禁系统。

教学目标

（1）了解声纹识别的概念。

（2）了解声纹识别的类型。

（3）了解声纹识别的工作原理。

（4）理解声纹识别的评估指标。

（5）能够编写程序，调用声纹识别接口，实现声纹识别。

项目分析

本项目将使用声纹识别技术实现智能门禁系统，首先学习与声纹识别相关知识，具体知识准备思维导图如图 3.1 所示。然后借助讯飞开放平台，通过调用该平台的声纹识别接口，实现智能门禁系统。具体分析如下。

（1）从声纹识别的定义、分类、工作原理和评估指标等方面，认识声纹识别。

（2）在讯飞开放平台上创建声纹识别应用，并获取 APPID、APIKey、APISecret 信息。

（3）配置智能门禁系统中用到的基本请求参数，包括 APPId、APISecret、APIKey、声纹识别请求 URL 等。

（4）创建声纹特征库，用于存储声纹特征信息。

（5）录制声纹特征音频，并将声纹特征信息添加到声纹特征库中。

（6）查询声纹特征列表，查看是否成功将声纹信息添加到声纹特征库中。

（7）进行声纹特征比对，判断来访人员是否能通过门禁系统。

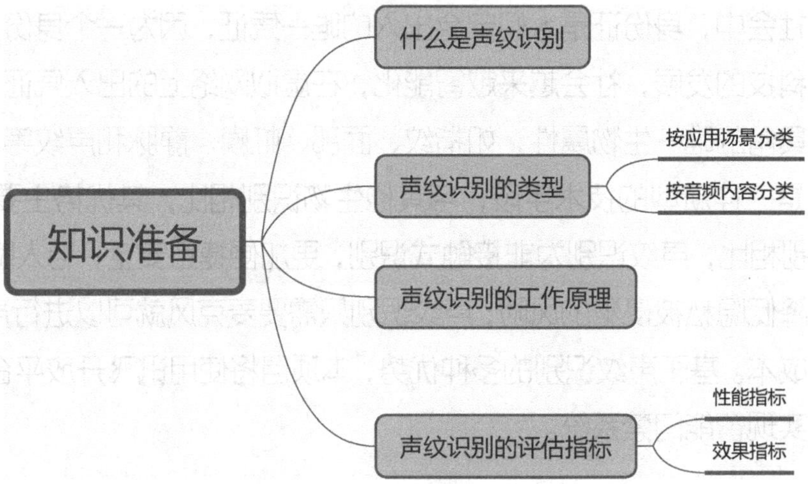

图 3.1　知识准备思维导图

知识点 1：什么是声纹识别

声纹识别是生物特征识别的一种，每个人的声纹图谱都有其特定的特征，通过使用专用的电声转换设备将声波特征绘制成波谱图形，与已经注册的声纹模型对比，从而区分不同的个体，实现身份校验功能。如果语音识别的目的是提高输入、控制和对话效率，那么声纹识别目的就是审查和确认身份，如图 3.2 所示。

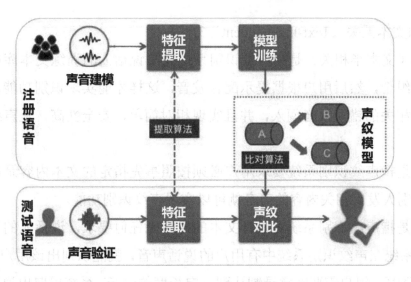

图3.2 声纹识别

知识点2：声纹识别的类型

1. 按应用场景分类

根据应用场景，声纹识别可以分为声纹确认和声纹辨认，如图3.3所示。

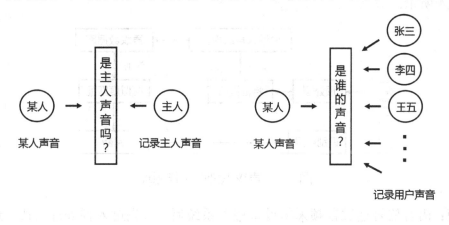

图3.3 声纹确认与声纹辨认

声纹确认：身份确认，即在知道某人身份的情况下，判断说话的声音是不是此人，是一个"一对一"的判断问题。

声纹辨认：身份辨认，即在一个注册了很多声纹的用户组中，根据说话的声音判断是哪个人的声音，是一个"一对多"的判断问题。

📖 **注意**：以上功能只有进行了声纹注册，才能使用。

2. 按音频内容分类

根据音频的内容，声纹识别可以分为文本提示（Text-Prompted）、文本相关（Text-

Dependent）和文本无关（Text-Independent）3种。

文本提示（文本半相关）是指声纹识别系统先从说话人的训练文本库中随机抽取若干个词汇进行组合，然后用户根据提示配合发音，这样才能实现识别功能。这样识别不仅避免了文本相关的错误录音闯入，并且实现相对简单，安全性高，是声纹识别技术的一大热点。

文本相关是指声纹识别系统要求用户必须按照事先指定的文本内容录制一定数量的声音，只要识别人发出相关内容的声音就可以实现声纹识别功能。

文本无关是指声纹识别系统对语音文本的内容无任何要求，说话人的发音内容不会被限定，只要系统在声纹识别系统中有用户的说话声音，就能识别出该用户。在文本无关的训练和识别阶段，用户需要随意录制达到一定长度的语音，系统提取出说话人的语音特征，才能进行判断识别。

知识点3：声纹识别的工作原理

声纹识别系统一般由预处理、特征提取、模型训练和对比分类识别几部分组成，工作原理如图3.4所示。

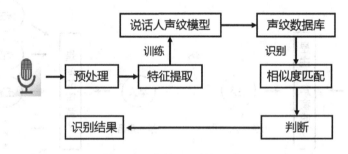

图 3.4　声纹识别的工作原理

预处理：语音信号通过音频采集设备进入系统后，首先进入预处理阶段。预处理包括端点检测和噪声消除等环节，端点检测环节对输入的音频流进行分析，自动删除音频中静音或非人声等无效部分，保留有效语音。噪声消除环节消除背景噪声，满足用户在不同环境下的使用需求。

特征提取：经过预处理后的语音信号进入特征提取阶段，这一阶段主要是从这段语音信号中提取出说话人的声纹特征参数，这些参数可以表示说话人的特定器官结构和行为习惯。声纹特征参数对同一说话人具有相对稳定性，不随时间或环境的变化而变化，对同一说话人的不同话语一致，具有不易模仿性和较强的抗噪性。

模型训练：提取到的说话人的声纹特征参数可以通过一定的方式进行训练，生成说话人专有的声纹模型。这个专有的声纹模型存储在声纹模型数据库中，与用户 ID 一一对应。

对比分类识别：当需要进行声纹识别时，声纹识别系统将采集到的语音信号进行同样的预处理、特征提取后，得到待识别的声纹特征参数，再与声纹模型数据库中某一声纹模型或全部声纹模型进行相似性匹配，计算得到它们的相似性度量值，通过设置合适的相似性度量值作为门限值，得出识别结果并输出。

知识点 4：声纹识别的评估指标

声纹识别的评估指标主要分为性能指标和效果指标。

1. 性能指标

声纹识别测试的基本性能指标应满足以下要求：

$$错误接受率 \leqslant 0.5\%$$

$$错误拒绝率 \leqslant 3\%$$

错误接受（False Acceptance）即将错误人的声音误认为是当前注册人的声音，声纹识别成功。

错误接受率（False Acceptance Rate，FAR）即声纹识别过程中被错误接受的样本数占应被拒绝的样本数的百分比。

$$错误接受率 = \frac{被错误接受的样本数}{应被拒绝的样本数} \times 100\%$$

错误拒绝（False Rejection）即将正确人的声音误认为不是当前注册的声音，声纹识别错误。

错误拒绝率（False Rejection Rate，FRR）即声纹识别过程中被错误拒绝的样本数占应被接受的样本数的百分比。

$$错误拒绝率 = \frac{被错误拒绝的样本数}{应被接受的样本数} \times 100\%$$

2. 效果指标

效果指标只体现在系统响应时间上，系统响应时间应满足以下要求：

$$声纹注册时间：响应时间 \leqslant 3000 毫秒$$

$$声纹验证时间：响应时间 \leqslant 2000 毫秒$$

当然，声纹识别的性能指标不只受基本性能指标和系统响应时间的影响，还受采样指标、有效语音长度、语音信息质量判断、抗噪声能力、抗时变能力等的影响。

提示：具体性能要求大家可以参考声纹识别在各个行业的标准。

项目实施：声纹识别应用——智能门禁系统

基于知识准备的学习，同学们已经对声纹识别的基本含义、声纹识别的类型、声纹识别的工作原理及声纹识别的性能评估指标有一定的了解。接下来将使用讯飞开放平台利用声纹识别技术搭建智能门禁系统。项目的实施流程如图 3.5 所示。

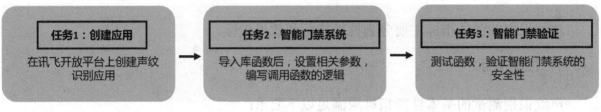

图 3.5　项目的实施流程

任务1

创建应用

在开始使用讯飞开放平台之前，需要先注册讯飞账号。通过以下步骤注册讯飞账号。如果已有讯飞账号，则可以忽略此步骤。账号注册完成后，使用讯飞账号登录讯飞开放平台并创建声纹识别应用。

步骤1：注册讯飞账号

（1）使用百度搜索引擎搜索"讯飞开放平台"，在搜索结果中找到目标链接并单击，进入讯飞开放平台，单击"登录注册"按钮，如图3.6所示。

图3.6 "登录注册"按钮

（2）进入讯飞开放平台的登录页面，如图3.7所示，单击右上角的"立即注册"按钮。

图3.7 讯飞开放平台的登录页面

（3）进入注册页面。讯飞开放平台提供两种注册方法，如图 3.8 和图 3.9 所示。

图 3.8　微信扫码注册　　　　　　　　图 3.9　手机号注册

讯飞开放平台支持微信扫码注册和手机号注册两种注册方式。微信扫码注册需要使用微信扫描二维码，关注"讯飞开放平台"公众号即可完成注册。

使用手机号注册的方式需要用户根据提示填写对应的信息。首先填写手机号，单击"获取验证码"按钮，将获取到的验证码填写到对应位置。然后设置登录密码，注意登录密码为数字和字母的组合，且密码长度为 6~20 位。最后勾选"已阅读并接受讯飞开放平台服务协议与隐私协议"复选框，单击"注册"按钮，即可完成注册。

步骤 2：登录讯飞开放平台

账号注册完成后即可登录讯飞开放平台。讯飞开放平台有 3 种登录方式，如图 3.10 所示。

（1）微信扫码：使用微信扫码关注"讯飞开放平台"公众号即可同时完成注册和登录。

（2）手机快捷登录：填写手机号码，获取验证码，将接收到的验证码填写到相应位置以完成注册和登录。

（3）账号密码登录：填写注册的账号和密码信息进行登录。

图 3.10　讯飞开放平台的 3 种登录方式

步骤 3：完成个人实名认证

（1）登录成功后，在页面中选择"产品能力"→"智能语音"→"声纹识别"选项，如图 3.11 所示，进入"声纹识别"页面。

图 3.11　"声纹识别"选项

（2）"声纹识别"页面如图 3.12 所示，单击"免费试用"按钮。

图 3.12　"声纹识别"页面

（3）单击"免费包"的"免费"按钮进行购买，如图 3.13 所示。

图 3.13　单击"免费"按钮

（4）用户首次注册并进行免费购买试用时，需要进行实名认证。单击"购买 声纹识别"页面弹出的提示框中的"去认证"按钮，如图 3.14 所示。

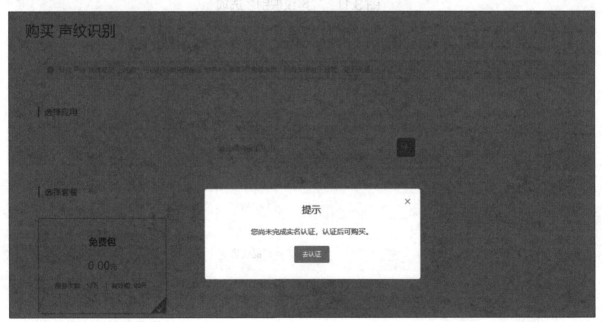

图 3.14　"去认证"按钮

（5）进入"用户认证中心"页面，如图 3.15 所示。先选择"个人实名认证"选项，然后单击"立即认证"按钮。

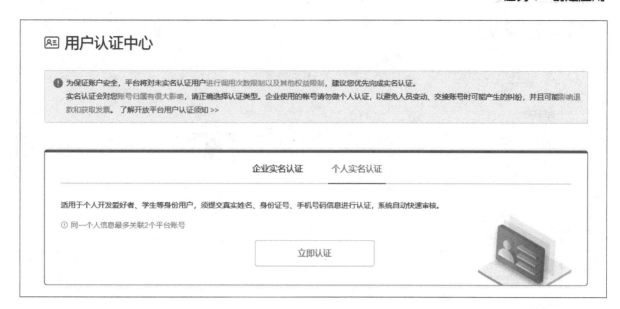

图 3.15　"用户认证中心"页面

（6）在"个人实名认证"页面填写相关信息，如图 3.16 所示，填写完成后，单击下方的"提交认证"按钮。注意：实名认证过程需要一定的时间，建议提前进行注册认证。

图 3.16　"个人实名认证"页面

步骤 4：创建声纹识别应用程序

（1）个人实名认证成功后，返回"购买 声纹识别"页面，单击"选择应用"选区中的"+"按钮，如图 3.17 所示。

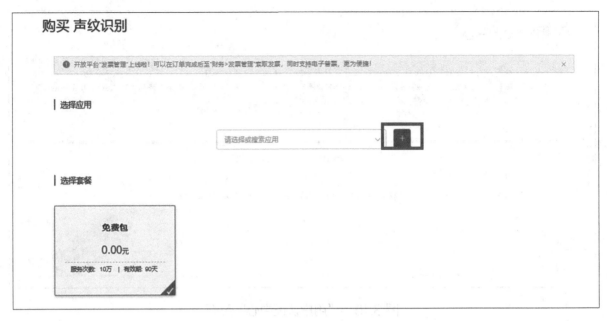

图 3.17 "+" 按钮

（2）进入"创建应用"页面，如图 3.18 所示。在"创建应用"页面中填写应用的相关信息，单击"提交"按钮。

图 3.18 "创建应用"页面

（3）完成应用的创建后会自动返回"购买 声纹识别"页面，单击下方的"确认下单"按钮，如图 3.19 所示。

图 3.19　单击"确认下单"按钮

（4）根据相关提示，完成声纹识别免费包的购买与应用的创建。成功购买声纹识别免费包后的页面如图 3.20 所示。在左侧导航栏选择"语音扩展"→"声纹识别"选项。

图 3.20　成功购买声纹识别免费包后的页面

（5）在"声纹识别"页面中可以看到右侧的"服务接口认证信息"区域中有着 APPID、APIKey、APISecret 信息，如图 3.21 所示。后续进行声纹识别 API 的调用时会使用到这些信息。

图 3.21　APPID、APIKey、APISecret 信息

任务 2

智能门禁系统

创建声纹识别的应用后，接下来利用创建的应用搭建智能门禁系统。智能门禁系统的流程如图 3.22 所示。

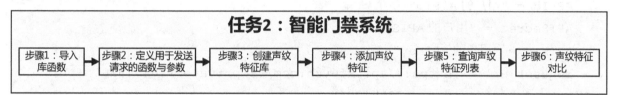

任务2：智能门禁系统

步骤1：导入库函数 → 步骤2：定义用于发送请求的函数与参数 → 步骤3：创建声纹特征库 → 步骤4：添加声纹特征 → 步骤5：查询声纹特征列表 → 步骤6：声纹特征对比

图 3.22　智能门禁系统的流程

步骤 1：导入库函数

实现智能门禁系统需要进行请求的发送、信息的加密处理及信息的编码等操作，导入相关的库函数有助于功能的实现。

实现声纹识别功能，需要使用多个函数库，如果在 Python 中没有安装需要的库，则会提示缺少库的错误。本任务首先需要安装两个基本库：pyaudio 和 pydub。在 Python 中可以直接使用 pip 命令安装库，安装方法如下。

```
pip install pyaudio
pip install pydub
```

运行上面两条命令即可正确安装 pyaudio 库和 pydub 库。注意：不同的环境缺少的库函数可能不同，应根据实际情况使用 pip 命令安装所有需要的库，在正确安装需要的库后，导入相关的库函数。

```
import json
import base64
import requests
from utils import Gen_req_url
from utils import gen_req_body
from record import my_record
```

库函数的说明如下。

（1）json：用于将数据格式转换为 JSON 格式。

（2）base64：用于编码和解码数据。

（3）requests：用于网络数据请求。

（4）Gen_req_url：用于生成请求的标准 URL。

（5）gen_req_body：核心函数，包括声纹识别所有的功能。

（6）my_record：用于录制标准的音频。

步骤 2：定义用于发送请求的函数与参数

（1）首先设置声纹识别中使用的一些基本请求参数，设置如下。

```
APPId = "用户的 APPID"
APISecret = "用户的 APISecret"
APIKey = "用户的 APIKey"
requset_url = 'https://api.xf-yun.com/v1/private/s782b4996'
path = "/v1/private/s782b4996"
host = "api.xf-yun.com"
method = "POST"
```

基本请求参数各参数的含义如表 3.1 所示。

表 3.1 基本请求参数表

名　　称	描　　述
APPId	任务 1 的步骤 4 中获取的用户的 APPID
APISecret	任务 1 的步骤 4 中获取的用户的 APISecret
APIKey	任务 1 的步骤 4 中获取的用户的 APIKey
requset_url	不包含其他参数的初始声纹识别 API 请求地址
path	请求路径，用于构建请求行
host	请求主机，用于定位和访问特定的网站或服务器
method	发送请求的方式，为 POST 方式

（2）实现声纹识别的主要步骤有创建声纹特征库、添加声纹特征、查询声纹特征列表、声纹特征对比。这些步骤都需要设置相应的参数，首先发送请求到构建的 URL 中，接着返回请求的结果，最后通过解析返回的结果了解是否执行成功。以下代码定义了创建声纹特征库、添加声纹特征、查询声纹特征列表、声纹特征对比这 4 个步骤通用的用于发送请求的函数 req_url()。具体代码如下。

```
def req_url(api_name, APPId, APIKey, APISecret, file_path=None,
featureId=None):
```

```
     gen_req_url = Gen_req_url()
     body = gen_req_body(apiname=api_name, APPId=APPId,
file_path=file_path, featureId=featureId)
     request_url =
gen_req_url.assemble_ws_auth_url(requset_url='https://api.xf-
yun.com/v1/private/s782b4996',
                                        method="POST",
                                        api_key=APIKey,
                                        api_secret=APISecret)
     headers = {'content-type': "application/json",
                'host': 'api.xf-yun.com',
                'appid': '$APPID'}
     response = requests.post(request_url, data=json.dumps(body),
headers=headers)
     tempResult = json.loads(response.content.decode('utf-8'))
  return tempResult
```

上述 req_url()函数用来发送请求从而得到需要的结果。req_url()函数的参数如表 3.2 所示。

表 3.2　req_url()函数的参数

名　　称	描　　述
api_name	设置不同的名称可以实现不同的功能，api_name 的取值如下。 ● createGroup：创建声纹特征库。 ● createFeature：添加声纹特征。 ● queryFeatureList：查询声纹特征列表。 ● searchScoreFea：特征比对 1:1。 ● searchFea：特征比对 1:N。 ● updateFeature：更新音频特征。 ● deleteFeature：删除指定特征。 ● deleteGroup：删除声纹特征库
APPId	任务 1 的步骤 4 中获取的用户的 APPId
APIKey	任务 1 的步骤 4 中获取的用户的 APIKey
APISecret	任务 1 的步骤 4 中获取的用户的 APISecret
file_path	音频的路径，默认为 None
featureId	声纹的唯一标识

req_url()函数的主要的功能是发送请求从而获取对应的结果，在 Python 中可以调用 requests.post()函数向网页发送请求并返回对应的结果，而使用 requests.post()函数需要设置必要的参数，本项目中需要设置 3 个必要的参数。

- request_url：请求的网址。
- data：字典，元组列表，字节或要发送到指定 URL 的文件对象。
- headers：要发送到指定网址的 HTTP 标头字典。

其中，request_url 参数通过调用 assemble_ws_auth_url()函数获取，data 参数通过调用 gen_req_body()函数进行获取，headers 使用固定的字典。通过 post()函数获取返回结果 response，之后调用 json.laods()函数将得到的结果转换为 JSON 格式便于后续的处理。

步骤 3：创建声纹特征库

声纹特征库主要用来存储每个人的声纹特征。对创建声纹特征库的请求参数进行设置，这些请求参数主要分为用于上传平台的参数（header）和用于上传服务特性的参数（parameter）。通过调用步骤 2 创建的 req_url()函数来进行声纹特征库的创建。具体代码如下。

```
# 创建声纹特征库
createGroup = req_url(api_name='createGroup',
                      APPId = APPId,
                      APIKey = APIKey,
                      APISecret = APISecret)
createGroup
```

根据表 3.2 中 req_url()函数的参数描述可知，当将 api_name 设置为 createGroup 时，req_url()函数用来创建声纹特征库，此时 file_path 参数和 featureId 参数使用默认值 None。

成功创建声纹特征库后的返回结果如下。其中，code 为 0 表示会话调用成功（并不一定表示服务调用成功，服务是否调用成功以 text 参数为准）；message 为 success 表示成功创建声纹特征库。

```
{'header': {'code': 0,
  'message': 'success',
  'sid': 'ase000d4f49@hu18a96b8751104d3882'},
 'payload': {'createGroupRes': {'compress': 'raw',
   'encoding': 'utf8',
   'format': 'json',
   'status': '3',
   'text':
'eyJncm91cElkIjoiMDAxIiwiZ3JvdXBOYW1lIjoi5pm66IO96Zeo56aBIiwiZ3JvdXBJbmZv
Ijoi55So5Lqo6Kej6ZSB6Zeo56aBIn0='}}}
```

步骤 4：添加声纹特征

创建声纹特征库后，此时的声纹特征库中没有存储任何声纹特征，接下来需要将个人的声纹特征添加到声纹特征库中。对添加声纹特征的请求参数进行设置，这些请求参数主要分为用于上传平台的参数（header）、用于上传服务特性的参数（parameter）和用于上传请求数据的参数（payload）3 种。通过调用步骤 2 创建的 req_url()函数来添加声纹特征。具体实现代码如下。

```
while True:
    name = input('请输入你的姓名，如果要退出请输入 q: ')
    if name == 'q':
        break
    audio_name = name+'.mp3'
    my_record(audio_name, 5)
    createFeature = req_url(api_name='createFeature',
                    APPId = APPId,
                    APIKey = APIKey,
                    APISecret = APISecret,
                    file_path=audio_name,
                    featureId=name)
    print(createFeature)
```

通过 while 循环可以根据实际的需求一次性存储多个声纹特征。首先使用 input()函数输入姓名，如果声纹特征录入完成，则可以输入 q 退出。然后使用 my_record()函数录制音频，音频的名称使用"姓名.mp3"的形式。最后调用 req_url()函数添加声纹特征。这里将 api_name 设置为 createFeature，注意需要对 file_path 和 featureId 进行设置。file_path 为此时录制的音频文件，featureId 为代表该声纹的唯一名称。

运行上面代码，提示"请输入你的姓名，如果要退出请输入 q:"。输入 zhangsan，音频开始录制，录制结束后会返回声纹特征的添加结果，返回结果中 message 为 success 表示声纹特征添加成功，同时该声纹特征被命名为 zhangsan。第一个声纹特征添加成功后，再次提示"请输入你的姓名，如果要退出请输入 q:"，如果要继续添加声纹特征，则可以继续输入姓名，如 lisi，以此类推。当所有的声纹特征都添加成功后，输入 q 结束添加声纹特征，如图 3.23 所示。

图 3.23　添加声纹特征

步骤 5：查询声纹特征列表

（1）添加完声纹特征后，可以查询是否成功将声纹特征添加到声纹特征库中。对查询声纹特征列表的请求参数进行设置，这些请求参数主要分为用于上传平台参数（header）和用于上传服务特性参数（parameter）。通过调用步骤 2 创建的 req_url() 函数来进行声纹特征的查询。具体代码如下。

```
tempResult = req_url(api_name='queryFeatureList',
                     APPId=APPId,
                     APIKey=APIKey,
                     APISecret=APISecret)
tempResult
```

将 api_name 设置为 queryFeatureList，返回结果如下。其中，code、message 参数与前面所说的意思基本相同，而 text 参数中的就是查询声纹特征列表的查询结果，其返回的结果信息为 Base64 格式的数据，在解码后才能比较容易地查看查询结果。

```
{'header': {'code': 0,
  'message': 'success',
  'sid': 'ase000e9a12@hu18a9802f87805c4882'},
 'payload': {'queryFeatureListRes': {'compress': 'raw',
   'encoding': 'utf8',
   'format': 'json',
   'status': '3',
   'text':
'W3siZmVhdHVyZUlkIjoiemhhbmdzYW4iLCJmZWF0dXJlSW5mbyI6InpoYW5nc2FuIGlzIEZv
aWNlHJpbnQgZmVhdHVyZSJ9LHsiZmVhdHVyZUlkIjoibGlzaSIsImZlYXR1cmVJbmZvIjoib
GlzaSBpcyBWb2ljZXByaW50IGZlYXR1cmUifV0='}}}
```

（2）获取查询结果后，此时 text 参数中存储了返回的结果，由于此时的返回结果是 Base64 格式，所以需要将查询结果进行解码。首先获得 text 参数的内容，然后将内容输入到 base64 库的 b64decode() 函数中进行解码。具体代码如下。

```
text_value = tempResult['payload']['queryFeatureListRes']['text']
text = base64.b64decode(text_value)
text
```

解码后的查询结果如下。从输出结果中可以看到，结果列表中共有两个字段，分别是 zhangsan、lisi 的声纹特征的 ID（featureId）和声纹特征的描述信息（featureInfo），即我们成功将这两个人的声纹特征音频添加到了声纹特征库中。

```
b'[{"featureId":"zhangsan","featureInfo":"iFLYTEK_examples_featureInf
o"},{"featureId":"lisi","featureInfo":"iFLYTEK_examples_featureInfo"}]'
```

步骤6：声纹特征对比

通过前面的步骤，我们创建了声纹特征库，并成功将 zhangsan 和 lisi 的声纹特征添加到了声纹特征库中，接下来通过声纹特征对比来判断外来的声音是否在声纹特征库中，从而实现声纹识别。

声纹特征对比主要有两种方式：一种是 1:1，即输入一个需要识别的声纹音频来和声纹特征库中的一个声纹特征进行对比；另一种是 1:N，即输入一个需要识别的声纹音频来和声纹特征库中的多个声纹特征进行比对。在现实中通常使用 1:N 的方式，所以我们这里选择的是 1:N 的方式。

（1）使用导入的录音函数录制声纹特征对比的标准音频，具体实现如下。

```
input_audio = 'new.mp3'
my_record(input_audio, 5)
```

使用 my_record() 函数录制标准音频，并将音频命名为 new.mp3。

（2）在声纹识别中，声纹特征对比即将输入的声纹音频中的声纹与声纹特征库中的声纹进行匹配，并返回匹配的结果。对添加声纹特征对比（1:N）的请求参数进行设置，主要包括用于上传平台参数（header）、用于上传服务特性参数（parameter）和用于上传请求数据（payload）3 种。通过调用步骤 2 创建的 req_url() 函数来进行声纹特征对比。具体实现代码如下。

```
tempResult = req_url(api_name='searchFea',
                APPId=APPId,
                APIKey=APIKey,
                APISecret=APISecret,
                file_path=input_audio)
tempResult
```

返回结果如下。其中，code、message 参数与前面所说的意思基本相同，当 message 为 success 时，表示声纹比对成功。需要对 text 参数进行解码才能看出其对比的结果。

```
{'header': {'code': 0,
  'message': 'success',
  'sid': 'ase000ecfd4@hu18a9802f90a05c2882'},
 'payload': {'searchFeaRes': {'compress': 'raw',
   'encoding': 'utf8',
   'format': 'json',
   'status': '3',
```

项目 3　声纹识别：让虚拟机器人能识人

```
    'text':
'eyJzY29yZUxpc3QiOlt7ImZlYXR1cmVJZCI6InpoYW5nc2FuIiwiZmVhdHVyZUluZm8iOiJ6
aGFuZ3NhbiBpcyBWb2ljZXByaW50IGZlYXR1cmUiLCJzY29yZSI6MX1dfQ=='}}}
```

（3）获取声纹特征对比的结果后，首先从返回的结果中取出 text 参数的内容，然后将内容输入到 base64 库的 b64decode()函数中进行解码。具体代码如下。

```
text_value = tempResult['payload']['searchFeaRes']['text']
text = base64.b64decode(text_value)
text
```

解码后的结果如下。scoreList 表示特征比对结果；featureId 表示比对结果的特征的唯一标识；featureInfo 表示比对结果的目标特征的描述信息；score 表示输入的声纹音频与特征库中的声纹特征音频的相似度，其值在 0~1 之间，越接近 1 表示越准确。

```
b'{"scoreList":[{"featureId":"zhangsan","featureInfo":"iFLYTEK_exampl
es_featureInfo","score":1}]}'
```

（4）从结果中取出输入的声纹音频与声纹特征库中的特征比对的相似度。首先判断 scoreList 的结果中是否有 score。如果有 score，则判断其相似度是否大于 0.7。如果大于 0.7，则判断验证成功，可以通过门禁；如果小于或等于 0.7，则判断验证失败，不可以通过门禁。如果没有 score，则输出"无法获取 score 值，请检查是否存在音频！"。具体代码如下。

```
# 将字符串转换为字典类型
result_dict = json.loads(text.decode('utf-8'))
# 获取 score 的值
score = result_dict['scoreList'][0]['score']
try:
    # 判断 score 是否大于 0.7
    if score > 0.7:
        print('验证成功，请通过')
    else:
        print('验证失败，禁止通行！')
except KeyError:
    print('无法获取 score 值，请检查是否存在音频！')
```

任务 3

智能门禁验证

任务 2 实现了智能门禁系统，本任务将对智能门禁系统进行验证，并计算智能门禁系统的错误接受率和错误拒绝率。

步骤 1：填写智能门禁验证结果表

5 位同学为一组进行实验，分别添加 5 位同学的声纹特征并进行声纹特征对比，测试智能门禁系统，按照表 3.3 进行记录。要求每次实验的验证次数为 5 次，一共进行 4 次实验。

表 3.3　智能门禁验证结果

验 证 次 数	添加声纹特征人名	声纹特征对比人名	智能门禁结果
1			
2			
3			
4			
5			

步骤 2：计算智能门禁系统性能指标

本步骤将根据错误接受率和错误拒绝率计算公式，以及在步骤 1 中记录的表格来进行性能指标的计算。步骤 1 共进行了 4 次实验，每次实验的验证次数为 5，分别计算 4 次实验的性能指标，最后计算系统的平均性能指标，将结果记录在表 3.4 中。

表 3.4　智能门禁系统性能指标

试 验 次 数	错误接受率	错误拒绝率
1		
2		
3		
4		
平均值		

测一测

1．声纹识别根据应用场景可以分为（　　）。

    A．声纹辨认　　　　B．声纹注册　　　　C．声纹确认　　　　D．声纹识别

2．声纹识别按照文本内容可以分为（　　）。

    A．文本无关　　　　B．文本相关　　　　C．文本提示　　　　D．文本批注

3．在使用 req_url() 函数创建声纹特征库时，需要将请求参数中的 api_name 参数设置为（　　）。

    A．createGroup　　　　　　　　　　B．createFeature

    C．queryFeatureList　　　　　　　　D．searchFea

4．表示对比结果的特征的唯一标识的是（　　）。

    A．coreList　　　B．featureId　　　C．featureInfo　　D．score

5．添加声纹特征后返回的 message 参数为以下哪一个值时，表示成功创建声纹特征库（　　）。

    A．0　　　　　　B．success　　　　C．1　　　　　　D．-1

做一做

通过改变录音的时长分别记录声纹注册的返回状态、声纹确认的返回状态及声纹识别的返回状态，并将结果记录在表 3.5 中。

表 3.5　记录表

测 试 编 号	阅读的时长	声纹注册的返回状态	声纹确认的返回状态	声纹识别的返回状态
1	1 秒			
2	2 秒			
3	3 秒			
4	4 秒			
5	5 秒			

工作页

一、项目目标

学习本项目后，将自己的掌握情况填入表 3.6，并对相应项目目标进行难度评估。评估方法：对相应项目目标后的☆进行涂色，难度系数范围为 1～5。

表 3.6　项目目标自测表

序　号	项　目　目　标	目标难度评估	是否掌握（自评）
1	了解声纹识别的概念	☆☆☆☆☆	
2	了解声纹识别的类型	☆☆☆☆☆	
3	了解声纹识别的工作原理	☆☆☆☆☆	
4	理解声纹识别的评估指标	☆☆☆☆☆	
5	能够编写程序，调用声纹识别接口，实现声纹识别	☆☆☆☆☆	

二、项目分析

通过学习声纹识别相关知识，调用讯飞开放平台的声纹识别能力，实现智能识别门禁系统功能。请将项目具体实现步骤（简化）填入图 3.24 横线处。

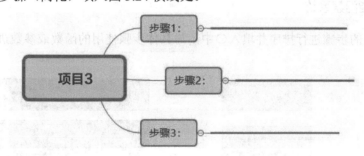

图 3.24　项目 3 具体实现步骤

三、知识抽测

1. 图 3.25 中的两种情景分别属于声纹识别哪种应用场景？

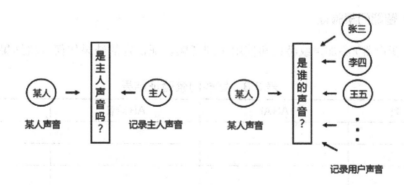

图 3.25　声纹识别的应用场景

2. 声纹识别系统一般由预处理、特征提取、模型训练和对比分类识别等几部分组成。请完成图 3.26 空缺部分。

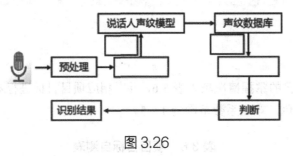

图 3.26

四、任务 1 创建应用

本次学习使用的是讯飞开放平台，大家找一找讯飞开放平台都开放了哪些语音技术，并填写在表 3.7 中。

表 3.7　讯飞开放平台开放的语音技术

五、任务 2 智能门禁系统

对智能门禁系统的步骤进行排序并填入○中，与具体步骤使用的函数或参数进行连线，并解释函数或参数的作用。

六、任务 3 智能门禁验证

使用 AI（或变声器）添加声纹特征和使用录制音频验证识别的结果如何？将结果记录在表 3.8 中。

表 3.8　智能门禁验证结果

验 证 次 数	AI+AI	AI+录音	录音+AI
1			
2			
3			
4			
5			

第二篇　终端智能语音应用

　　本篇主要包括"语音唤醒：让端侧机器人苏醒""自动语音识别：让端侧机器人能比""语音翻译：让端侧机器人会译""情感分析：让端侧机器人有情""摘要提取：让端侧机器人能想""地址识别：让端侧机器人能写"6个项目。在有了第一篇的基础后，读者可以实现智能语音从云端到终端的应用，从而更加系统地学习智能语音技术。与第一篇相比，本篇的实践结果更加直观，从让端侧机器人苏醒、能比、会译、有情、能想、能写6个方面，使读者能够在智能语音世界中翱翔。

项目 4

扫一扫，观看微课

语音唤醒：让端侧机器人苏醒

项目背景

随着科技的不断进步，计算机、手机等智能设备已经融入人们的生活。早期人们与智能设备进行信息传递的方式主要通过鼠标、按键、触摸屏等，而现在，单一的交互方式已不能满足人们的需求，人们更期待通过语音进行人机交互。随着语音识别技术的发展，语音成为人机交互最自然的方式，而语音唤醒技术是实现语音交互的第一步。

语音唤醒技术使人们的双手得到了解放，让计算机、手机等智能设备真正做到随叫随到，同时避免设备长时间处于在线状态，降低功耗。本项目将使用目前主流的 AI 开放平台，实现对智能设备的唤醒。

教学目标

（1）了解语音唤醒的定义。

（2）了解语音唤醒的应用。

（3）了解语音唤醒技术的发展阶段。

（4）理解语音唤醒的评价指标。

（5）能够利用 AI 开放平台获取唤醒词资源。

（6）能够部署 SDK 实现语音唤醒。

项目分析

在本项目中，首先学习语音唤醒的相关知识，具体知识准备思维导图如图 4.1 所示。然后借助目前主流的 AI 开放平台创建应用，获取唤醒词资源。最后将语音唤醒 SDK 部署到本地计算机上，实现语音唤醒。具体分析如下。

（1）从语音唤醒的概念、应用场景、技术发展角度，认识语音唤醒。

（2）学习语音唤醒的评价指标。

（3）在讯飞开放平台上，创建语音唤醒应用，评估语音唤醒词质量。

（4）制作唤醒词，下载语音唤醒 SDK。

（5）部署和测试语音唤醒 SDK。

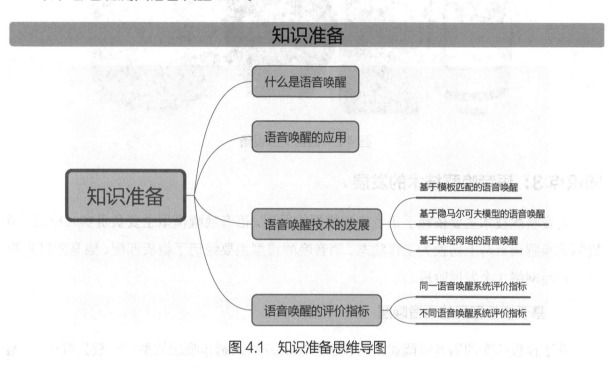

图 4.1 知识准备思维导图

知识点 1：什么是语音唤醒

语音唤醒，也被称为语音关键词检测（Keyword Spotting，KWS），作用是在连续的语音流中实时检测一组特定的关键词，而特定的关键词被称为唤醒词。语音唤醒是语音交互的入口，核心任务是将关键词从目标语音中识别和检测出来，从而唤醒相应设备。简单地说，语音唤醒就是通过识别语音的方式使目标设备从休眠状态切换到工作状态。与语音识别不同，语音唤醒只处理某一段语音数据，只负责检测目标关键词，并不需要对非关键词进行精准识别。除了语音唤醒，生活中常见的唤醒方式还有触摸唤醒（如锁屏键）、定时唤醒（如闹钟）及被动唤醒（如电话）等。

知识点 2：语音唤醒的应用

目前语音唤醒主要应用在语音交互的设备上，用来解决不方便触摸但需要交互的场景。用户对语音交互设备有较高的期待，希望语音交互设备能够实时响应。由于语音唤醒模型对计算能力要求不高，一般情况下语音唤醒模型是部署在语音交互设备上的，这些语音交互设备可以是智能音箱、智能手机、智能手表、智能电梯、服务机器人等，如图 4.2 所示。

图 4.2　语音交互设备

知识点 3：语音唤醒技术的发展

语音唤醒技术主要依赖于语音唤醒模型的发展，语音唤醒模型主要负责实时检测，当检测到唤醒词后马上切换为工作状态。语音唤醒模型主要经历了模板匹配、隐马尔可夫模型、神经网络 3 个发展阶段。

1. 基于模板匹配的语音唤醒

基于模板匹配的语音唤醒就是用模板匹配的方法来制作唤醒模型，一般先登记 3 遍唤醒词，然后将语音特征提取出来，组成特征序列，作为标准模板。测试时，把输入的语音转换为相同格式的特征序列，使用动态时间规整（Dynamic Time Warping，DTW）等算法，与模板进行对比并计算相似度，根据设定的阈值确定是否唤醒。简单地说，基于模板匹配的语音唤醒过程就是先找到唤醒词的特征，再根据特征制定触发条件，最后判断音频内容是否满足触发条件，如果满足则唤醒，不满足则继续休眠。

DTW 算法是将目标特征序列和源特征序列的特征进行对比，按照距离最近的原则，找到两个长度不同的时间序列的相似度的方法，是非线性规整技术。在对比的过程中，需要遵守表 4.1 的原则。

表 4.1　DTW 特征序列对比原则

原　则	说　明
单向对应	目标特征序列和源特征序列在对比时，要从前向后对齐，不能出现交叉
一一对应	两组特征序列不能出现未连接、空元素
最近距离	对应后，特征相似点一定是最近距离

DTW 特征序列对比如图 4.3 所示。其中，细线为源特征序列，粗线为目标特征序列，

特征序列中的实心圆为特征序列元素，虚线为源特征序列元素与目标特征序列元素对比连接线。

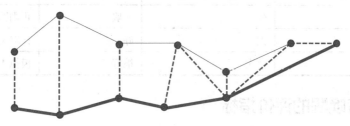

图 4.3 DTW 特征序列对比

2. 基于隐马尔可夫模型的语音唤醒

隐马尔可夫模型（Hidden Markov Model，HMM），一般会先为唤醒词和其他声音分别建立一个模型，然后将输入的语音信号切割成固定长度的段落，并分别传入两个模型进行打分，最后对比两个模型的分值，决定唤醒还是保持休眠。简单地说，隐马尔可夫模型就是分别对唤醒词和非唤醒词建立模型，根据两个模型的对比结果，决定是否唤醒，如图 4.4 所示。

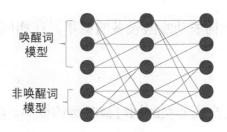

图 4.4 隐马尔可夫模型

3. 基于神经网络的语音唤醒

神经网络是非线性函数，是扩展的感知机模型。凡是用到神经网络原理的唤醒模型，都可以说是基于神经网络的模型。例如，将模板匹配中的特征提取时，使用神经网络作为特征提取器的模型；在隐马尔可夫模型中，某个步骤使用神经网络的模型；端到端的语音唤醒模型。其中，输入基于端到端的语音唤醒模型的原始语音数据（输入端），经过神经网络后，模型的输出就是识别出的文本内容，即各唤醒词单元的概率（输出端）。

3 种语音唤醒技术各有优势，适用于不同的设备应用。基于模板匹配的语音唤醒仅需要少量数据就可以组建模板，减少了数据收集的工作量，原理上仅需要对唤醒词进行比对，相对简单，但唤醒效果一般；基于隐马尔可夫的语音唤醒对唤醒词和非唤醒词分别进行计算得到结果，需要大量的数据支持，唤醒效果较好；端到端的语音唤醒模型则需要巨量的数据支持，该计算过程相当于人脑的计算过程，唤醒率是目前最好的，并且端到端的语音唤醒模型可以直接实现语音输入到解码，节省了大量准备时间。3 种语音唤醒技术的对比，如表 4.2 所示。

表 4.2　3 种语音唤醒技术的对比

算 法 模 型	数 据 量	效　　果	基 本 原 理
模板匹配	少	一般	正则匹配
隐马尔可夫	大	好	计算概率
端到端	巨大	很好	模拟人脑

知识点 4：语音唤醒的评价指标

在介绍语音唤醒评价指标前，先要对测试场景进行简单的准备。语音唤醒测试最好可以模拟用户实际的使用场景，因为在不同的环境中，实现的效果可能不同，一般在准备场景时主要考虑周围噪声环境、说话人声音响度、说话距离等。

1. 同一语音唤醒系统评价指标

评价一个语音唤醒系统的指标包括唤醒率、误唤醒率、响应时间、功耗。其中主要的评价指标是唤醒率和误唤醒率。

1）唤醒率

唤醒率就是用户说唤醒词成功唤醒设备的概率，在相同的环境下，设备的唤醒率越高，唤醒效果越好。

2）误唤醒率

误唤醒率就是设备在用户说非唤醒词时被唤醒的概率。设备的误唤醒率越高，唤醒效果越差，误唤醒率常用 24 小时内被误唤醒的次数表示。

3）响应时间

响应时间是指说完唤醒词后，设备给出反馈的时间，反应设备的灵敏度。响应时间越快越好，随叫随到能够大大提高用户体验。

4）功耗

功耗是指唤醒系统的耗电情况。对智能音箱、智能电梯等插电设备而言，功耗的要求不那么严格，但对手机、智能手表等移动设备而言，功耗是重要的指标，功耗的高低将直接影响设备待机时间。

2. 不同语音唤醒系统评价指标

在比较不同设备及系统的性能高低时，就需要对比数值以进行更直观的比较，语音唤醒中较为常见的指标如下。

1）错误拒绝率

错误拒绝率（False Rejection Rate，FRR）就是系统模型将原本正确的样本认定为错误的样本的比率，其计算公式为：

$$FRR = \frac{\text{原本正确却被拒绝唤醒的样本数}}{\text{所有原本正确输入的样本数}} \times 100\%$$

2）错误接受率

错误接受率（False Acceptance Rate，FAR）就是系统模型将原本错误的样本认定为正确的样本的比率，其计算公式为：

$$FAR = \frac{\text{原本错误却被接受唤醒的样本数}}{\text{所有原本错误输入的样本数}} \times 100\%$$

3）等错误率

等错误率（Equal Error Rate，EER）通过对唤醒阈值的调整，使错误拒绝率等于错误接受率，此时的值就是等错误率。等错误率越低，系统模型性能越好。

项目实施：语音唤醒应用——智能音箱唤醒

基于知识准备的学习，同学们已经对语音唤醒的定义、应用，以及语音唤醒技术的发展、语音唤醒的评价指标有了一定的了解，接下来将通过讯飞开放平台实现语音唤醒。项目的实施流程如图 4.5 所示。

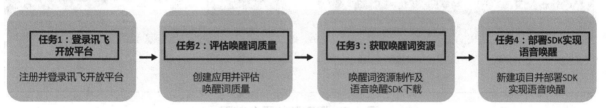

图 4.5 项目的实施流程

登录讯飞开放平台

使用百度搜索引擎搜索"讯飞开放平台",在搜索结果中找到目标链接并单击,进入讯飞开放平台首页,单击"登录注册"按钮,如图 4.6 所示。

图 4.6　讯飞开放平台首页

登录讯飞开放平台有 3 种方式,如图 4.7 所示。

图 4.7　登录讯飞开放平台的 3 种方式

（1）微信扫码：使用微信扫码关注"讯飞开放平台"公众号即可同时完成注册和登录。

（2）手机快捷登录：填写手机号码，获取验证码，将接收到的验证码填入相应位置进行登录。

（3）账号密码登录：填写注册的账号和密码信息进行登录。

任务 2

评估语音唤醒词质量

高质量的唤醒词有助于智能音箱被更好的唤醒，减少唤醒出错的概率。在设置唤醒词之前，为了得到高质量的唤醒词，可以使用唤醒词评估小工具对设置的唤醒词进行打分，从而选择高质量的唤醒词。

步骤 1：创建应用

（1）登录讯飞开放平台，单击右上角"控制台"按钮进入控制台。

（2）单击"创建新应用"按钮创建应用，如图 4.8 所示。

图 4.8　创建应用

- 应用名称：应用的名称，少于 30 个字符，可以是中文、英文或中英文的组合，如果应用名称已经存在，则会给出"应用名称已存在"提示信息。
- 应用分类：根据实际的应用场景选择合适的分类。
- 应用功能描述：简述使用场景、应用特点等信息，不超过 300 个字符。

应用创建成功后，单击创建的应用，进入应用页面，如图 4.9 所示。页面左侧包括讯飞开放平台的所有产品服务，如语音识别、语音合成等。页面中间为各服务使用情况。页面右侧显示调用该服务需要的信息，以及各种实现的工具。

图 4.9　应用页面

步骤 2：唤醒词质量评估

（1）选择应用页面左侧的"语音识别"选项，选择"语音唤醒"功能。进入语音唤醒应用页面。单击"唤醒词评估小工具"文字链接，可以打开"唤醒词质量评估"对话框，如图 4.10 所示，对唤醒词的质量进行评估。

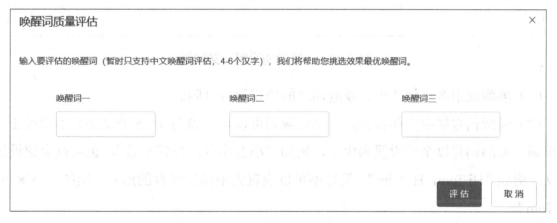

图 4.10　"唤醒词质量评估"对话框

唤醒词评估小工具可以同时对 3 个唤醒词进行评估，最高 5 颗星。唤醒词是一种用于唤醒设备的个性化短语，可以按实际需求进行设置，但为了得到更好的效果，唤醒词要遵循以下规则。

- 音节覆盖尽量多，长度最少为 4 个音节，相邻音节要规避，字要发音清晰、响度大。
- 尽可能选择日常不容易出现的短语，可以有效降低误唤醒率。
- 英文唤醒词仅支持有限的词库，不能超出词库范围。英文唤醒词典可以在语音唤醒应用页面进行下载。

任务 3

获取唤醒词资源

获取唤醒词资源包括制作唤醒词资源和下载语音唤醒 SDK。根据要求制作高质量的唤醒词资源，根据实际的应用场景获取对应的语音唤醒 SDK。

步骤 1：制作唤醒词资源

通过唤醒词评估小工具且根据唤醒词规则获取高质量的唤醒词，接下来就可以利用唤醒词制作唤醒词资源。在"唤醒词设置"文本框中输入唤醒词，如图 4.11 所示。这里将唤醒词设置为"小飞小飞"。

唤醒词设置：

提交

图 4.11　"唤醒词设置"文本框

（1）唤醒词最多支持 8 个，唤醒词之间使用逗号分隔。

（2）唤醒词包括中文和英文，每个唤醒词可以是单独的 4～6 个汉字或不超过 2 个英文单词。唤醒词可以全部设置为中文，例如"小葱小葱，你好小葱"，也可以全部设置为英文，例如"Hi Tom，Hi John"，但是不可以设置为中英文混合的形式，例如"小葱小葱，Hi Tom"。

单击"提交"按钮，如果唤醒词设置正确，则会提示唤醒词设置成功，如图 4.12 所示。单击"前往 SDK 下载中心"文字链接，下载 SDK 用于语音唤醒的部署。

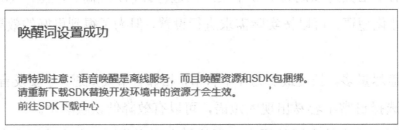

唤醒词设置成功

请特别注意：语音唤醒是离线服务，而且唤醒资源和SDK包捆绑。
请重新下载SDK替换开发环境中的资源才会生效。
前往SDK下载中心

图 4.12　唤醒词设置成功

步骤 2：下载语音唤醒 SDK

单击"前往 SDK 下载中心"文字链接，进入语音唤醒 SDK 下载页面，如图 4.13 所示。

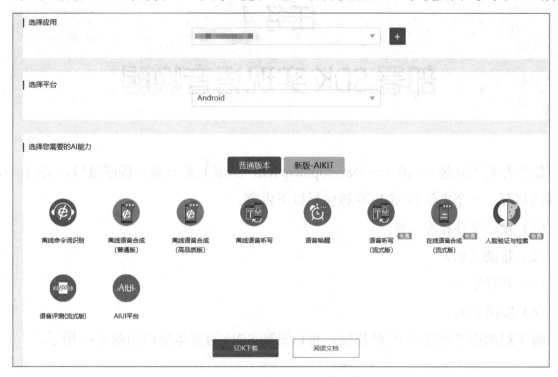

图 4.13　语音唤醒 SDK 下载页面

（1）选择应用：选择创建的应用。如果没有创建应用，可以单击"+"按钮进行应用的创建。

（2）选择平台：选择需要部署的平台。目前支持的系统包括 Android、iOS、Windows、Linux、Java 和鸿蒙系统 HarmonyOS。

（3）选择您需要的 AI 能力：根据不同的平台，能够选择的 AI 能力也不同。

"选择平台"选择"Windows"选项，"选择您需要的 AI 能力"选择"语音唤醒"选项，单击"SDK 下载"按钮下载语音唤醒 SDK。

项目 4

语音唤醒：让端侧机器人苏醒

任务 4

部署 SDK 实现语音唤醒

软件开发工具包（Software Development Kit，SDK）是一系列程序接口、文档、开发工具的集合。一个完整的 SDK 应该包括以下内容。

（1）接口文件和库文件。

（2）帮助文档。

（3）开发示例。

（4）实用工具。

将下载的语音唤醒 SDK 解压缩，可以看到 SDK 的整体结构如图 4.14 所示。

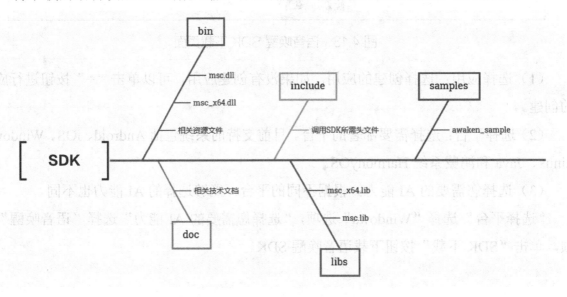

图 4.14　SDK 的整体结构

（1）bin：

● msc.dll（32 位动态链接库）。

● msc_x64.dll（64 位动态链接库）。

● 相关资源文件。

（2）doc：

● 相关技术文档。

（3）include:

- 调用 SDK 所需头文件。

（4）libs:

- msc.lib（32 位静态链接库）。

- msc_x64.lib（64 位静态链接库）。

（5）samples:

- awaken_sample（语音唤醒示例）。

步骤 1: 新建项目

语音唤醒 SDK 采用 C++编写，这里使用 Microsoft Visual Studio 对语音唤醒的 SDK 进行编译。

Microsoft Visual Studio（简称 VS）是美国微软公司的开发工具包系列产品。VS 是一个基本完整的开发工具集，它包括整个软件生命周期中需要的大部分工具。VS 是非常流行的 Windows 平台应用程序的集成开发环境。通过在微软官网下载 VS 的安装包进行安装和使用。

VS 经历了多个版本，为了更好地实现语音唤醒，推荐使用 VS2010 版本。打开安装好的 VS，单击"新建项目"按钮打开"新建项目"对话框，如图 4.15 所示。

图 4.15　"新建项目"对话框

VS2010 版本提供多个模板供用户选择。首先选择"Visual C++"→"Win32 控制台应

用程序"选项，在"名称"文本框中输入项目名称，这里使用 demo 作为项目的名称，在
"位置"下拉列表中选择项目的存储路径。然后单击"确定"按钮，打开 Win32 应用程序
向导，进入"欢迎使用 Win32 应用程序向导"界面，如图 4.16 所示。

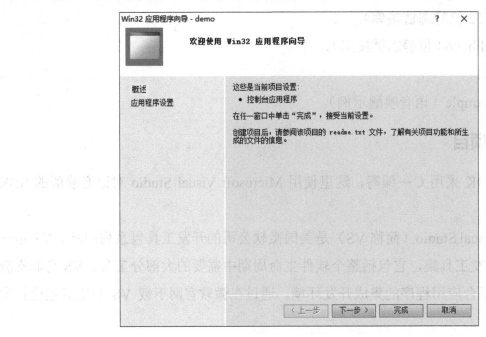

图 4.16 "欢迎使用 Win32 应用程序向导"界面

单击"下一步"按钮，进入"应用程序设置"界面，如图 4.17 所示。"应用程序类型"
选中"控制台应用程序"单选按钮，"附加选项"勾选"空项目"复选框，单击"完成"
按钮进入项目界面。

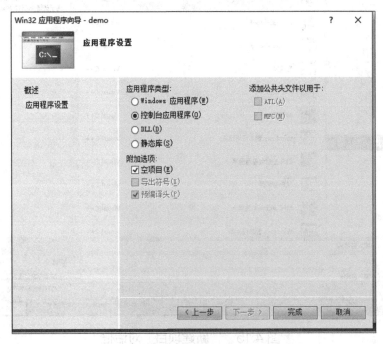

图 4.17 "应用程序设置"界面

步骤 2：配置项目属性

使用 VS 新建的空项目包括项目的头文件、源文件和资源文件。此时所有的项目文件都为空。头文件的扩展名为.h，主要用于定义和声明，如类的定义、常量的定义等。源文件的扩展名为.cpp，主要用于方法的实现。

打开解压缩的 SDK 源文件，将 bin、include、libs 三个文件夹复制到 demo 项目文件夹下，如图 4.18 所示。

图 4.18　demo 项目文件夹

步骤 3：导入头文件

将原来语音唤醒 SDK 中的 3 个文件夹复制到 demo 项目文件夹下，此时需要导入头文件。右击项目界面中的"源文件"选项，在弹出的快捷菜单中选择"添加"→"新建项"命令，打开"添加新项-demo"对话框，如图 4.19 所示。

图 4.19　"添加新项-demo"对话框

选择"C++文件(.cpp)"选项，在"名称"文本框中输入项目名称，在"位置"下拉列表中选择项目的存储路径。单击"添加"按钮创建空的源文件，这里使用 test 作为项目的名称，即创建 test.cpp 文件。

📖 小贴士

创建.cpp 文件是为了后续对 VS 进行设置，test 为项目名称，.cpp 为类型。

右击"demo"选项，在弹出的快捷菜单中选择"属性"命令，打开"demo 属性页"对话框。选择"配置属性"→"C/C++"→"常规"选项，在"附加包含目录"后的文本框中输入"$(ProjectDir)..\include"，单击"确定"按钮导入头文件，如图 4.20 所示。

图 4.20　导入头文件

步骤 4：导入动态链接库

动态链接库（Dynamic Link Library，DLL）是实现共享函数库概念的一种方式。这些库函数的扩展名是.dll、.ocx 或.drv。

语音唤醒 SDK 中 msc.dll 文件为需要导入的动态链接库。右击"源文件"选项，在弹出的快捷菜单中选择"添加"→"新建项"命令，打开"添加新项-demo"对话框。选择"C++文件(.cpp)"选项，在"名称"文本框中输入 main.c 创建新的项目文件。将语音唤醒 SDK 中语音示例 awaken_sample.c 的所有代码复制到新建的 main.c 文件中，在 main.c 文件的代码中修改 include 文件夹和 bin 文件夹的路径，如图 4.21 所示。

```
#include "stdlib.h"
#include "stdio.h"
#include <windows.h>
#include <conio.h>
#include <errno.h>
#include <WinDef.h>

#include "../include/msp_cmn.h"
#include "../include/qivw.h"
#include "../include/msp_errors.h"

#pragma comment(lib, "winmm.lib")

#ifdef _WIN64
#pragma comment(lib,"../libs/msc_x64.lib")
#else
#pragma comment(lib, "../libs/msc.lib")
#endif
```

图 4.21　修改文件夹的路径

接下来将动态链接库文件 msc.dll 所在目录设置为工作目录。右击 "demo" 选项，在弹出的快捷菜单中选择 "属性" 命令，打开 "demo 属性页" 对话框。选择 "配置属性" → "调试" 选项，将 "工作目录" 修改为 "$(ProjectDir)..\bin\"，单击 "确定" 按钮完成工作目录的设置。如图 4.22 所示。

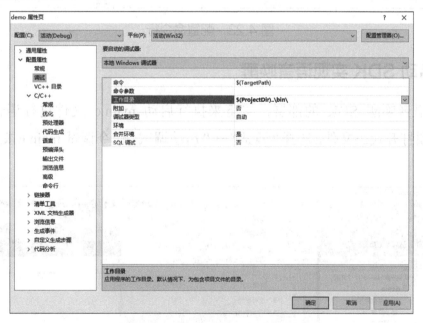

图 4.22　设置工作目录

步骤 5：配置命令行

运行创建的 main.c 应用程序，需要对应用的环境进行配置，通过编写命令将目标可执行 main.c 文件复制到动态链接库 msc.dll 的目录下完成配置。

右击 "demo" 选项，在弹出的快捷菜单中选择 "属性" 命令，打开 "demo 属性页"

项目 4

语音唤醒：让端侧机器人苏醒

对话框。选择"配置属性"→"生成事件"→"后期生成事件"选项，在"命令行"文本框中输入"copy $(TargetPath) $(ProjectDir)..\bin\"，单击"确定"按钮，配置命令行，将目标可执行 main.c 文件复制到动态链接库 msc.dll 的目录下，如图 4.23 所示。

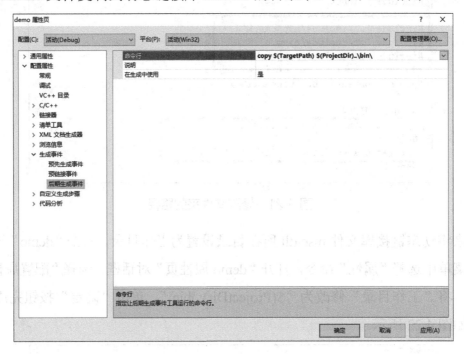

图 4.23　配置命令行

步骤 6：启动 SDK 实现语音唤醒

通过对语音唤醒 SDK 的部署，接下来执行启动 main.c 文件进行语音唤醒。双击"main.c"选项打开代码文件，选择"调试"→"启动调试"命令调试 main.c 文件，如图 4.24 所示。

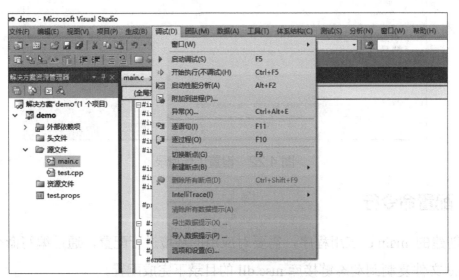

图 4.24　调试 main.c 文件

成功启动 main.c 文件，跳转到语音唤醒的输出界面，如图 4.25 所示。

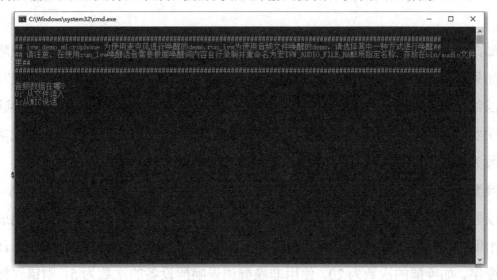

图 4.25　语音唤醒的输出界面

语音唤醒有两种方式：音频唤醒和麦克风实时唤醒。选择 0 为音频唤醒，唤醒程序将读取音频数据。如果音频数据中存在设定的唤醒词，则设备会被唤醒，打印结果。需要注意的是，音频数据需要是 PCM 格式，音频数据的名称为 awake.pcm，且存放在"demo/bin/audio/"处。选择 1 为麦克风实时唤醒，麦克风将实时接收此时环境的声音。如果接收到的声音中存在设定的唤醒词，则设备会被唤醒，打印结果，如图 4.26 所示。

图 4.26　语音唤醒效果

当音频中出现"小飞小飞"时，唤醒词被检测，结果返回一个字典："id"输出为第几个唤醒词，"keyword"会输出唤醒词，并使用音标对每个词进行标注。

步骤 7：语音唤醒性能评估

成功进行语音唤醒后，使用错误拒绝率和错误接受率对语音唤醒的性能进行评估。

在语音唤醒程序启动期间，使用唤醒词和与唤醒词类似的发音，来测试语音唤醒的识别结果。

例如，在语音唤醒程序启动期间，对着麦克风说"小飞小飞"，观察语音唤醒的返回结果。如果返回结果中的"keyword"为"xiao3-fei1-xiao3-fei1"，则说明唤醒成功；如果没有返回结果或返回结果中的"keyword"不为"xiao3-fei1-xiao3-fei1"，则说明唤醒错误。通过多次实验，计算得到错误拒绝率，如唤醒的次数为 20，使用唤醒词没有成功唤醒设备的次数为 3，则错误拒绝率为 15%。

在唤醒程序启动期间，使用与唤醒词相似的词来唤醒设备，如使用"小灰小灰"，观察语音唤醒的返回结果。如果没有唤醒词的返回结果，则说明使用非唤醒词不能成功唤醒设备；如果有唤醒词的返回结果，则说明设备被误唤醒了。通过多次实验唤醒，计算得到错误接受率。如唤醒的次数为 20，使用非唤醒词误唤醒设备的次数为 5，则错误接受率为 25%。

测一测

1. 关于语音唤醒，表述正确的是（   ）。

    A．语音唤醒即通过语音的方式使设备从工作状态切换到休眠状态

    B．语音唤醒主要用来解决方便触摸，又不需要交互的场景

    C．智能语音唤醒应用在智能音箱、智能手机、智能手表 3 种设备上

    D．语音唤醒是一种常见的唤醒方式

2. 关于语音唤醒，下面说法正确的是（   ）。

    A．唤醒词可以任意选择，效果一样

    B．唤醒词的长度可以是任意的

    C．语音唤醒就是使设备从休眠状态切换到激活状态

    D．语音唤醒目前只能部署在 Windows 操作系统上

3. 语音唤醒模型正确的发展顺序是（   ）。

    A．模板匹配、神经网络、隐马尔可夫模型

    B．隐马尔可夫模型、模板匹配、神经网络

    C．模板匹配、隐马尔可夫模型、神经网络

    D．神经网络、模板匹配、隐马尔可夫模型

4. 误唤醒率就是设备在用户说非唤醒词时被唤醒的概率，设备的误唤醒率越高，唤醒效果越差。误唤醒率常用（   ）表示。

    A．6 小时内被误唤醒的次数   B．12 小时内被误唤醒的次数

　　C．24 小时内被误唤醒的次数　　　　D．48 小时内被误唤醒的次数

5．语音唤醒有两种方式：（　　）和麦克风实时唤醒。

　　A．被动唤醒　　　　　　　　　　　B．触摸唤醒

　　C．定时唤醒　　　　　　　　　　　D．音频唤醒

做一做

　　使用同样的方法制作唤醒词并在 Windows 操作系统上部署语音唤醒 SDK，使用麦克风实时唤醒的方式进行语音唤醒。在语音唤醒过程中首先记录唤醒词，然后挑选一些和唤醒词相似的词进行唤醒验证，在表 4.3 中记录唤醒结果。

表 4.3　唤醒结果

设置的唤醒词	验证的唤醒词	唤 醒 结 果

工作页

一、项目目标

学习本项目后,将自己的掌握情况填入表 4.4,并对相应项目目标进行难度评估。评估方法:对相应项目目标后的☆进行涂色,难度系数范围为 1～5。

表 4.4　项目目标自测表

序　号	项 目 目 标	目标难度评估	是否掌握(自评)
1	了解语音唤醒的定义	☆☆☆☆☆	
2	了解语音唤醒的应用	☆☆☆☆☆	
3	了解语音唤醒技术的发展阶段	☆☆☆☆☆	
4	理解语音唤醒的评价指标	☆☆☆☆☆	
5	能够利用 AI 开放平台获取唤醒词资源	☆☆☆☆☆	
6	能够部署 SDK 实现语音唤醒	☆☆☆☆☆	

二、项目分析

通过学习语音唤醒的相关知识,使用目前主流的 AI 开放平台实现语音唤醒。请将项目具体实现步骤(简化)填入图 4.27 横线处。

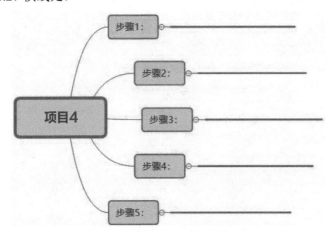

图 4.27　项目 4 具体实现步骤

三、知识抽测

下面是语音唤醒的概念,请同学们用绘画的方式描述对语音唤醒的理解。

语音唤醒,也被称为语音关键词检测,作用是在连续的语音流中实时检测一组特定的关键词的技术过程,而特定的关键词被称为唤醒词。

四、任务 1 登录讯飞开放平台

在前面项目中我们使用了百度 AI 开放平台，今天使用了讯飞开放平台，那么你对两种平台的功能有怎样的体会呢？请将使用后的感受填入表 4.5。

表 4.5　使用后的感受

百度 AI 开放平台	讯飞开放平台

五、任务 2 评估语音唤醒词质量

如图 4.28 所示，使用唤醒词测试工具，测试出〇中评分最高的 3 个唤醒词，写在横线处。

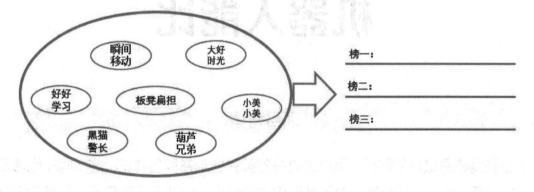

图 4.28　语音唤醒词

六、任务 3 获取唤醒词资源

在学习完 API 与 SDK 后，请根据自己理解将二者的区别填入表 4.6。

表 4.6　API 与 SDK 的区别

API	SDK

七、任务 4 部署 SDK 实现语音唤醒

使用图 4.28 中榜一的唤醒词进行 20 次测试，计算该唤醒词的错误接受率和错误拒绝率。

$$错误接受率 = \frac{原本错误却被接受唤醒的样本数}{所有原本错误输入的样本数} \times 100\% =$$

$$错误拒绝率 = \frac{原本正确却被拒绝唤醒的样本数}{所有原本正确输入的样本数} \times 100\% =$$

项目 **5**

扫一扫，观看微课

自动语音识别：让端侧 机器人能比

在互联网信息爆炸的时代，用户每时每刻都会检索各种各样的问题，问题也涉及各个领域，如生活、娱乐、科技等。为了满足用户的需求，出现了多种应用，如搜索引擎、文本分类、文献查重、自动问答等，而这些应用的关键技术之一就是文本相似度技术。本项目将使用目前主流的 AI 开放平台，实现在语音识别后进行文本相似度匹配并对客户问题进行智能回答的功能。

教学目标

（1）了解文本相似度的概念。

（2）了解文本相似度的计算方法。

（3）了解文本相似度的应用。

（4）能够编写程序，调用文本相似度接口，实现智能客服智能回答。

项目分析

在本项目中，首先学习文本相似度相关知识，具体知识准备思维导图如图 5.1 所示。然后借助百度 AI 开放平台，使用该平台的自动语音识别能力和短文本相似度功能，实现智能客服智能回答。具体分析如下。

（1）从文本相似度的概念、计算方法、应用等角度，认识文本相似度。

（2）学习文本相似度的评估指标。

（3）在百度 AI 开放平台上，创建自动语音识别和短文本相似度的应用。

（4）编写程序，定义相关函数，并进行调用。

（5）运用文本相似度评估指标，测试编写的程序的效果。

知识准备

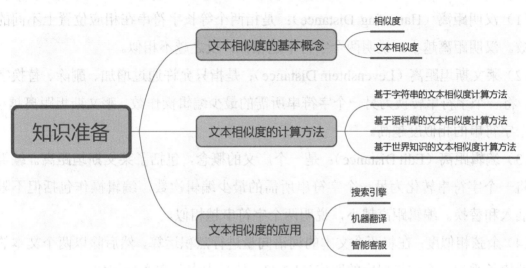

图 5.1　知识准备思维导图

知识点 1：文本相似度的基本概念

1. 相似度

相似度用来衡量两个或多个对象之间的相似程度或相似性。在计算机科学中，相似度经常用于比较两个数据集、文本、图像或其他类型的数据。在计算相似度时，通常会选择一种适当的度量方式，例如欧几里得距离、曼哈顿距离、余弦相似度等。不同的度量方式适用于不同的应用场合。相似度在许多领域都有广泛的应用，例如信息检索、自然语言处理、图像处理、机器学习等。

2. 文本相似度

文本相似度指两个或多个文本之间的相似程度。文本之间的公共区域越多、共性越大，相似程度越高；反之，区别越大，没有关联关系，相似程度低。

知识点 2：文本相似度的计算方法

文本相似度算法常分为三大类。

（1）基于字符串的文本相似度计算方法。

（2）基于语料库的文本相似度计算方法。

（3）基于世界知识的文本相似度计算方法。

1. 基于字符串的文本相似度计算方法

基于字符串的文本相似度计算分为字符串和词语两种，通过对两个文本中的字符串、词语进行匹配和比较，以字符串、词语的共现程度和重复程度来计算两个文本之间的相似度。常见的方法有以下几种。

（1）汉明距离（Hamming Distance）：是指两个等长字符串在相应位置上不同的字符的个数。汉明距离越小，说明两个字符串越相似，反之越不相似。

（2）莱文斯坦距离（Levenshtein Distance）：是指只允许通过增加、删除、替换字符的方式，将一个字符串转换为另一个字符串所需的最少编辑操作数。莱文斯坦距离越小，说明两个字符串的相似度越高。

（3）编辑距离（Edit Distance）：是一个广义的概念，包括了莱文斯坦距离。编辑距离是指将一个字符串转化为另一个字符串所需的最少编辑次数，编辑操作包括但不限于删除、插入和替换。编辑距离越小，说明两个字符串越相似。

（4）余弦相似度：在将两个文本的词语向量进行点积运算，然后除以两个文本的词语向量的模长乘积。余弦相似度的取值为[-1,1]，值越大表示文本越相似。

（5）Jaccard 相似度：先将两个文本中相同的词语和不同的词语分别计数，然后将相同词语的数量除以总词语数量得到相似度。

（6）TF-IDF（Term Frequency-Inverse Document Frequency）：是一种常用于衡量一个词在文本中的重要性的统计方法。TF（词频）表示某个词在一篇文章中出现的频率，计算方法是该词在文章中出现的次数除以文章的总词数。IDF（逆文档频率）表示某个词在整个语料库中的重要程度，计算方法是总文档数除以包含该词的文档数的对数。TF-IDF 的计算方法是将一个词的 TF 值乘以它的 IDF 值，这样就可以得到一个词在文本中的重要性。如果某个词在一篇文章中的 TF-IDF 值较高，则说明该词在这篇文章中扮演着重要的角色，可能是文章的关键词。如果某个词在整个语料库中的 IDF 值较高，则说明该词在整个语料库中比较常见，可能是一些常见的词汇，对文章的区分度不高。

（7）异文本噪声对比：该方法是一种基于聚类的算法，先将一个文本与另一个文本中相似度较高的词语进行对比，然后计算文本之间的相似度。该方法可以有效减少长尾噪声对计算文本相似度的影响。

2. 基于语料库的文本相似度计算方法

基于语料库的文本相似度计算方法是指利用大规模语料库中已经存在的知识来计

算文本之间的相似度。这种方法通常采用词向量模型或深度学习技术实现，常见的方法有以下几种。

（1）词袋模型（Bag of Words Model）：词袋模型将文本看作由词语构成的集合。词袋模型先通过统计词语的出现频次，将文本表示为一个向量。然后通过计算向量之间的相似度来衡量文本之间的相似度。

（2）TF-IDF 模型：TF-IDF 模型在词袋模型的基础上加入了权重因素，通过计算每个词语在文本中的重要性，来计算文本之间的相似度。TF-IDF 模型使用广泛，效果好。

（3）词向量模型：词向量模型先将每个词语映射到一个低维向量空间中，来将词语的语义信息编码成向量。然后计算文本中所有词语向量的平均值或加权平均值来表示文本，从而计算文本之间的相似度。比较流行的词向量模型有 Word2vec 和 GloVe。

（4）深度学习方法：深度学习方法常常采用卷积神经网络（Convolutional Neural Networks，CNN）和循环神经网络来对文本进行建模，并得到表示文本的向量。深度学习方法可以自动提取词语和短语的复杂特征，更准确地计算文本之间的相似度，但需要大量的数据和计算资源。

3. 基于世界知识的文本相似度计算方法

基于世界知识的文本相似度计算方法可以分为两大类，一类是基于本体的方法，这类计算方法主要先通过建立本体来表示文本信息，并计算本体之间的相似度，再通过不同的算法计算文本相似度。另一类是基于网络知识的方法，这类方法主要利用网络大型知识库资源，如百度百科、维基百科等的信息来计算文本之间的相似度，这类方法通常采用知识图谱或自然语言推理技术进行实现。常见的方法有以下几种。

（1）基于 WordNet 的方法：WordNet 是一个英语词汇网络，可以用于表示单词之间的语义关系。该方法从词汇视角，通过计算单词在 WordNet 中的相似度来计算文本之间的相似度。

（2）知识图谱：将世界知识组织成图谱，并建立实体之间的关联和属性，通过实体的共现关系和属性相似度来计算文本之间的相似度。例如，如果两篇文章都提到了同一年份的事件，则它们的相似度较高。

（3）自然语言推理：自然语言推理通过推理规则和知识库中的信息，对文本进行逻辑推理，从而计算文本之间的相似度。例如，如果两篇文章都提到了相同的概念和事实，但是方式表达不同，则可以通过逻辑推理来判断它们之间的相似度。

（4）命名实体识别：命名实体识别是指识别文本中的人名、地名、机构名等具有特定含义的实体，通过识别实体之间的关联和属性，计算文本之间的相似度。

综上所述，3 种计算方法的优缺点对比如表 5.1 所示。

表 5.1　3 种计算方法的优缺点对比

计 算 方 法	优 点	缺 点
基于字符串的文本相似度计算方法	原理简单、易实现	未考虑词语含义与关系，不适用于长文本
基于语料库的文本相似度计算方法	准确性高、可扩展性好、效率高	数据质量不易把控、语言和领域限制、计算复杂度高
基于世界知识的文本相似度计算方法	能够获取丰富的知识、具有较高的准确性、可扩展性好	需要大量资源、知识库不全面、算法复杂度高

知识点 3：文本相似度的应用

文本相似度在各种应用场景中都有涉及，并且已经取得了很好的效果。常见的应用场景如下。

1. 搜索引擎

搜索引擎需要为用户提供高质量的搜索结果，而文本相似度算法可以帮助搜索引擎将相似的文本进行聚类和去重，提高搜索结果的质量和准确性。当用户使用搜索引擎检索各种各样的问题时，这些问题涉及各个领域，表达形式多种多样，不可能完全是库中的问题，这时候就需要使用文本相似度算法来对用户输入的问题进行匹配，找出库中最相似的问题并把答案推荐给用户，如图 5.2 所示。

图 5.2　搜索引擎

2. 机器翻译

机器翻译需要将一种语言的文本转换为另一种语言的文本，文本相似度算法可以帮助机器翻译模型找到源语言和目标语言之间的相关性，提高翻译的准确性和流畅度，如图 5.3 所示。

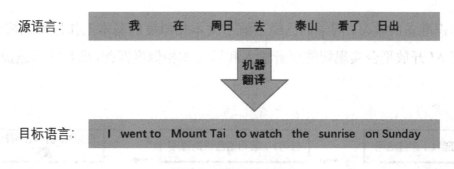

图 5.3　机器翻译

3. 智能客服

智能客服需要精准理解用户的问题和需求，文本相似度算法可以帮助智能客服系统对语言表达方式的变化和口音进行识别，提高对用户的理解能力。许多通信运营商和电商都会用到智能客服。当用户咨询或提问的时候，智能客服总是可以第一时间出现，将用户的输入语句与库中的语句进行匹配，并返回相似度最高的问题的答案给用户，如图 5.4 所示。

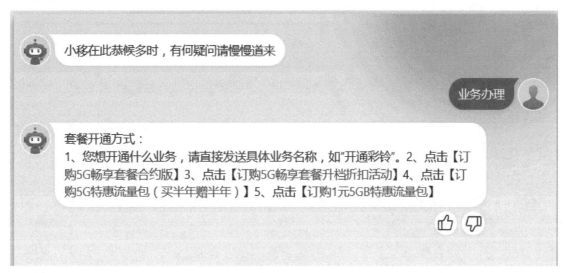

图 5.4　智能客服

在文本分类应用时需要将大量的文本分成不同的类别，文本相似度算法可以帮助用户在未标记数据集上进行半监督学习，快速推断未标记文本的类别。在进行舆情分析时需要对大量的文本进行分析和分类，文本相似度算法可以帮助分析人员找到相似文本，快速发现热点事件、溯源等。总之，文本相似度在信息处理、数据挖掘、自然语言处理等领域扮演着越来越重要的角色，它将会随着人工智能技术的发展得到更广泛的应用。

项目实施：语音相似度应用——智能客服答案搜索匹配

基于知识准备的学习，同学们已经了解了文本相似度的基本工作原理及应用。接下来将通过百度 AI 开放平台实现智能语音输入和短文本相似度匹配。项目的实施流程如图 5.5 所示。

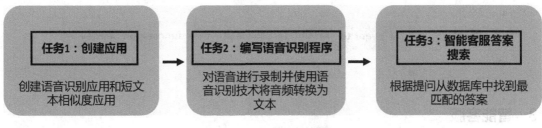

图 5.5　项目的实施流程

任务1

创建应用

本项目首先利用语音识别技术将两段音频转换为文本，然后利用短文本相似度技术计算文本的相似度。所以本项目需要使用两个应用：语音识别应用和短文本相似度应用。

在前面的章节中，已经创建了语音识别应用，在本项目需要创建短文本相似度应用。应用创建完成后，获取短文本相似度匹配应用的 API Key 和 Secret Key，如图 5.6 所示。

图 5.6　短文本相似度匹配应用的 API Key 和 Secret Key

任务 2

编写语音识别程序

智能客服答案搜索匹配需要对客户说的语言进行准确的识别，同时快速找到与客户的描述相似的内容。所以本项目首先利用语音识别技术将音频数据转换为文本数据，再利用短文本相似度技术找到意思相似的文本。编写语音识别程序的流程如图 5.7 所示。

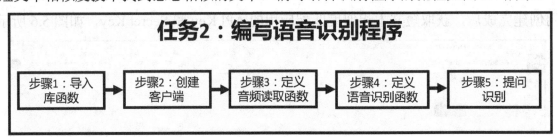

图 5.7 编写语音识别程序的流程

步骤 1：导入库函数

本项目将利用麦克风进行语音的录制，使用语音识别和短文本相似度技术进行实现。

```
from record import my_record
from aip import AipSpeech, AipNlp
```

（1）my_record：该函数用于录制标准格式的音频数据，音频的标准格式如下。

```
framerate = 16000
NUM_SAMPLES = 2000
channels = 1
sampwidth = 2
TIME = 5
```

（2）AipSpeech：百度语音的客户端，认证成功后，客户端将被开启，调用此客户端来进行语音识别。

（3）AipNlp：百度自然语言处理的客户端，认证成功后，客户端将被开启，调用此客户端来计算短文本相似度。

音频标准格式的函数如表 5.2 所示。

表 5.2 音频标准格式的函数

函 数 名	作 用
framerate	采样频率，指计算机单位时间内能够采集多少个信号样本，采样频率越高，采样的间隔时间越短，在单位时间内计算机得到的样本数据就越多，对信号波形的表示也越精确
NUM_SAMPLES	采样点数，是一次向 PC 发送的数据量包含的点数，采样点数决定每次传到 PC 内的数据量
channels	声道数，声音录制时的音源数量或回放时相应的扬声器数量
sampwidth	位深度，此处为 2，代表生成的 WAV 文件是双声道的
TIME	录制音频的时间，此处为 5，代表要录制 5 秒

步骤 2：创建客户端

使用百度 AI 开放平台实现语音识别和短文本相似度计算，需要使用获取的百度 AI 云服务应用参数 AppID、API Key、Secret Key 来创建客户端，以实现相应功能。首先设定语音识别和短文本相似度的 AI 云服务参数。

```
# 使用百度语音识别的 API 信息
APP_ID0 = ' '
API_KEY0 = ' '
SECRET_KEY0 = ' '
# 使用百度短文本相似度的 API 信息
APP_ID = ' '
API_KEY = ' '
SECRET_KEY = ' '
```

这里设定两个应用的 AI 云服务参数，第一个应用参数用于创建语音识别的客户端，第二个应用参数用于创建短文本相似度的客户端。

```
# 创建语音识别的客户端
client0 = AipSpeech(APP_ID0, API_KEY0, SECRET_KEY0)
# 创建短文本相似度的客户端
client = AipNlp(APP_ID, API_KEY, SECRET_KEY)
```

在上面的代码中，client0 为语音识别的客户端，可以调用客户端中的相关函数对音频数据进行语音识别；client 为短文本相似度的客户端，可以调用客户端中的相关函数来计算短文本的相似度。

步骤 3：定义音频读取函数

创建客户端后，需要打开用于语音识别和计算短文本相似度的音频文件，读取音频文件以便后面的语音识别。

```
#定义读取音频文件的函数
def get_file_content(filePath):
    with open(filePath, 'rb') as fp:        #打开音频文件
        return fp.read()         #一次性读取音频文件的全部内容
```

该函数主要用于读取音频文件，其中，**filePath** 表示音频文件的存储路径。open()函数用于打开音频文件，使用 read()方法一次性读取音频文件。

步骤 4：定义语音识别函数

调用读取音频文件的函数后，接下来进行语音识别并得出语音识别的结果，为计算短文本相似度提供内容。

```
#定义语音识别的函数
def speech_recognition(audio_name):
    get = client0.asr(get_file_content(audio_name), 'wav', 16000,
{'dev_pid': 1537, })   #用于语音识别
    res = get['result'][0]
    return res        #一次性读取语音识别的结果
```

该函数用于语音识别，用语音识别的客户端进行识别，wav 表示音频文件的属性，16000 表示采样频率，'dev_pid':1537 即设定识别语言为普通话，res 就是语音识别的结果。

步骤 5：提问识别

运行下面代码，先录制语音并得到音频文件，然后使用语音识别技术将音频文件转换为文本。

```
audio_name='data.wav'
# 录制音频
my_record(audio_name,3)
# 语音识别
res0 = speech_recognition(audio_name)
print("提问:", res0)
```

首先调用 my_record()函数录制 3 秒的标准音频，根据实际情况可以对录制的时长进行修改。然后调用 speech_recognition()函数对录制的音频进行语音识别，得到用户的提问。

任务 3

智能客服答案搜索

步骤 1：创建数据库

为了模拟智能客服答案搜索的场景，首先需要创建数据库。数据库中存储了大量的问答。这里将使用字典的形式简单模拟数据库。

使用 Python 创建一个存储了多个对话的字典代替数据库。

```
data = {
    "什么时候发货？":"48 小时内发货",
    "发的什么快递？":"一般发顺丰",
    "收到的货有问题怎么办？":"您可以联系人工客服申请退货或换购",
    "我买错了，怎么取消订单？":"好的，我这边已经帮您取消",
    "店铺最近有没有什么优惠活动？":"有的，现在店铺商品满 200 减 50"
}
```

创建一个 data 字典，存储了 5 个简单的问答，下面进行智能答案搜索。

步骤 2：智能答案搜索

通过语音识别的提问，将识别的结果分别与数据库中的提问进行匹配，找到数据库中最接近的问题，最后搜索出问题匹配的答案。代码如下。

```
options = {}
options["model"] = "CNN"    #选择 CNN 作为输出模型
v = list(data.keys())    #获取数据库中所有的 key
scores = []
for res1 in v:
    dialogue_rec=client.simnet(res0, res1, options) #计算文本相似度
    scores.append(dialogue_rec['score'])    #提取所有的相似度的得分
max_index = scores.index(max(scores))    #获取得分最高的问题对应的索引
print("回答: ",data[v[max_index]])    #输出最相似的问题的答案
```

　　在进行短文本相似度匹配时，先选择卷积神经网络作为输出模型。卷积神经网络是人工智能中非常重要的基础网络，被广泛应用于实际生活中的各行各业。然后利用短文本相似度的客户端将提问和数据库中的问题进行相似度的计算，获取与提问相似度最高的问题，并输出问题对应的答案。

任务 4

智能客服系统性能测试

任务 3 实现了智能客服系统，本任务将对该系统进行性能测试。使用的性能指标为准确率。

准确率是常见的评价指标，对于本项目，准确率的计算公式如下：

$$准确率 = \frac{正确回答的次数}{回答的总次数} \times 100\%$$

运行代码与智能客服系统对话，本任务 10 次对话为一轮，一共需要进行 5 轮，将每轮对话的结果记录在表 5.3 中。

表 5.3　对话的结果

问　题	智能客服系统的答案	正　确　答　案	是　否　一　致

通过表 5.3 可以计算智能客服系统的准确率，将结果填写到表 5.4 中。

表 5.4　智能客服系统的准确率

轮　　数	正确回答的次数	回答的总次数	准　确　率
1			
2			
3			
4			
5			

测一测

1. 文本相似度算法可以分为（　　　　）。

    A．无监督相似度计算　　　　　　　　B．有监督相似度计算

    C．有监督+无监督相似度计算　　　　D．特征卷积计算

2. 文本相似度结果范围是（　　　）。

    A．[-1,1]   B．[0,1]   C．（0,1]   D．(0,1)

3. 文本句子向量进行距离度量的方法有（　　　）。

    A．欧式距离   B．余弦距离   C．曼哈顿距离   D．切比雪夫距离

4. 在文本相似度项目中需要录制几次音频（　　　）。

    A．1   B．2   C．3   D．4

5. 计算文本相似度需要调用（　　　）API。

    A．语音识别   B．语音合成   C．文本相似度   D．语音唤醒

做一做

两名同学为一组，想出一组相似的句子和一组不相似的句子，使用计算机自带的录音机进行录音，使用项目实施中的代码，利用评估指标计算得到文本相似度，将结果填入表 5.5。

表 5.5　实验结果

编　号	A 同学	B 同学	文本相似度
1			
2			
3			

一、项目目标

学习本项目后，将自己的掌握情况填入表 5.6，并对相应项目目标进行难度评估。评估方法：为相应项目目标后的☆进行涂色，难度系数范围为 1～5。

表 5.6　项目目标自测表

序　号	项 目 目 标	目标难度评估	是否掌握（自评）
1	了解文本相似度的概念	☆☆☆☆☆	
2	了解文本相似度的计算方法	☆☆☆☆☆	
3	了解文本相似度的应用	☆☆☆☆☆	
4	能够编写程序，调用文本相似度接口，实现智能客服智能问答	☆☆☆☆☆	

二、项目分析

通过学习文本相似度相关知识，使用百度 AI 开放平台的自动语音识别和短文本相似度功能，实现智能客服智能回答。请将项目具体实现步骤（简化）填入图 5.8 横线处。

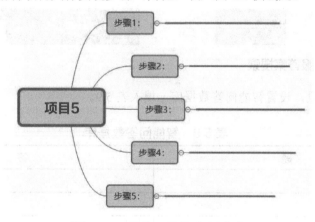

图 5.8　项目 5 具体实现步骤

三、知识抽测

1. 结合所学理论知识完成表 5.7。

表 5.7　3 种计算方法优缺点对比

计 算 方 法	优　点	缺　点
基于字符串的文本相似度计算方法		
基于语料库的文本相似度计算方法		
基于世界知识的文本相似度计算方法		

2. 文本相似度在各应用场景中都有涉及，并且已经取得了很好的效果。常见的应用有_____、_____、_____、_____、

四、任务 1 创建应用

本次项目需要使用语音识别和短文本相似度两个应用，请将使用的 API Key 和 Secret Key 填入表 5.8。

表 5.8 应用 API Key 和 Secret Key

	API Key	Secret Key
语音识别		
短文本相似度		

五、任务 2 编写语音识别程序

对语音识别和短文本相似度匹配的步骤进行排序并填入〇中，与具体步骤使用的函数或参数进行连线，并解释函数或参数的作用。

提问识别	AipNlp()： _____
定义语音识别函数	filePath： _____
定义音频读取函数	'dev_pid':1537： _____
导入库函数	speech_recognition()： _____

六、任务 3 智能客服答案搜索

结合自己设置的场景，设置智能问答数据库，填入表 5.9。

表 5.9 智能问答数据库

问 题	答 案

七、任务 4 智能客服系统测试

运行代码与智能客服系统对话，将对话的结果记录在表 5.10 中

表 5.10 对话的结果

问 题	智能客服系统答案	正 确 答 案	是 否 一 致

项目 6

语音翻译：让端侧机器人会译

扫一扫，观看微课

项目背景

文化的沟通与交流是人类文明绵延不绝、不断进步的重要条件，而语言是沟通与交流的重要媒介。网络技术的飞速发展为人类之间的交流拓展了更广阔的空间，人们对语言翻译的需求激增。

人工智能技术的发展给计算机辅助翻译软件的创新带来了更多可能。本项目将使用目前主流的 AI 开放平台，通过人工智能技术提高翻译效率和翻译质量，为用户提供高质量的实时翻译服务。

教学目标

（1）了解语音翻译的基本原理。

（2）了解语音翻译面临的主要挑战。

（3）了解语音翻译的发展历程。

（4）掌握语音翻译的评价方法。

（5）能够理解翻译程序中函数的作用。

（6）能够对语音翻译效果进行评估。

项目分析

在本项目中，首先学习机器翻译相关知识，具体知识准备思维导图如图 6.1 所示。借助百度 AI 开放平台进行语音识别，同时实现语音翻译，最终实现机器翻译。具体分析如下。

（1）从机器翻译的原理、挑战及发展历程等方面，认识机器翻译。

（2）学习机器翻译的评价方法。

（3）在百度 AI 开放平台创建语音识别应用。

（4）在百度 AI 开放平台创建机器翻译应用。

（5）编写语音识别、文本翻译及语音翻译程序，实现机器翻译。

（6）结合机器翻译的评价方法，测试机器翻译的效果。

知识准备

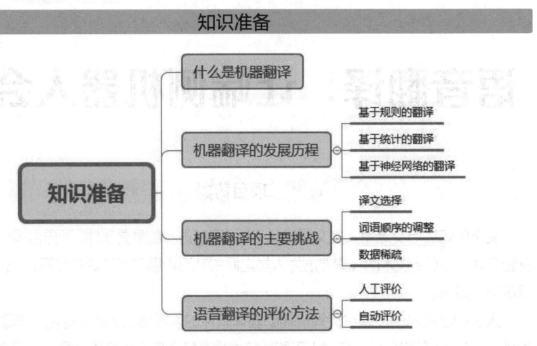

图 6.1　知识准备思维导图

知识点 1：什么是机器翻译

机器翻译（Machine Translation，MT）是指计算机自动将文字从一种自然语言（源语言）转换为含义相同的另一种自然语言（目标语言）的过程，机器翻译也被称为文本翻译。如图 6.2 所示，上面句子为源语言，下面句子为目标语言。机器翻译的任务就是把句子从源语言翻译成目标语言，机器翻译是人工智能的终极目标之一。机器翻译通过与其他领域相结合的商业应用逐步实现图片翻译、语音翻译。

图 6.2　机器翻译

语音翻译就是翻译的输入端为语音。在即时交流的应用中，语音翻译有重要的意义。语音翻译系统主要有两种，级联语音翻译系统和端到端语音翻译系统。如图 6.3 所示，级联语音翻译系统包括一个语音识别系统和一个文本翻译系统。当给定源语言音频时，首先通过语音识别技术将源语言音频转换为源语言文本，然后利用机器翻译技术将文本转换为目标语言文本。随着深度学习的快速发展，端到端技术被应用在语音翻译中。如图 6.4 所示，端到端语音翻译系统由源语言音频、源语言文本和目标语言文本 3 部分组成。与级联语音翻译系统相比，端到端语音翻译系统的效率大大提升，但由于端到端技术仍在发展，而语音识别和文本翻译技术相对比较成熟，所以目前商业的语音翻译系统还是以级联的方式为主，因此本项目选取级联语音翻译方式进行实践。语音识别在项目 1 中已经进行了详细的讲解，这里不赘述，下面对级联语音翻译系统中的机器翻译进行介绍。

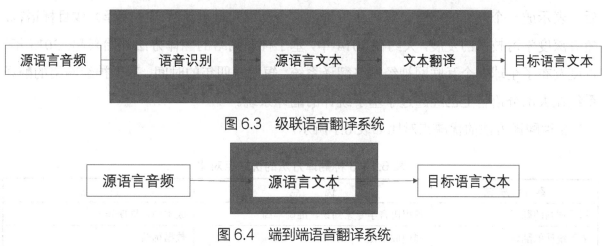

图 6.3　级联语音翻译系统

图 6.4　端到端语音翻译系统

知识点 2：机器翻译的发展历程

从翻译备忘录的提出到现在，机器翻译已有七十多年的历史。这期间机器翻译经历了多个不同的发展阶段，一是基于规则的翻译，二是基于统计的翻译，三是基于神经网络的翻译。

1. 基于规则的翻译

翻译知识来自人类专家。基于规则的翻译就是通过人类语言学家来编写规则，将一个词翻译成另外一个词，一个成分翻译成另外一个成分，在句子中出现在什么位置，都用规则表示出来。这种方法的优点是直接使用语言学专家知识，准确率非常高。缺点是成本很高，如开发中文和英文的翻译系统，要找到同时会中文和英文的语言学家，而开发另一种语言的翻译系统，就要找到懂另一种语言的语言学家。所以基于规则的翻译系统开发周期很长，成本高。

2. 基于统计的翻译

基于统计的翻译系统对机器翻译进行了数学建模，可以在大数据的基础上进行训练。由于这个方法是与语言无关的，所以成本较低。模型建立起来后，适用于所有语言。基于统计的翻译其实是一种基于语料库的方法，而翻译知识主要来自两类训练数据：平行语料，一句中文一句英文，并且中文和英文互为对应关系，也叫双语语料；单语语料，比如只有英文，就叫单语语料。

3. 基于神经网络的翻译

与基于统计的翻译相比，基于神经网络的翻译从模型上来说相对简单，它主要包含两部分，一个是编码器，另一个是解码器。编码器把源语言经过一系列的神经网络的变换之后，表示成一个高维的向量。解码器负责把这个高维向量重新解码（翻译）成目标语言。随着深度学习技术的发展，大约在 2014 年，基于神经网络的翻译方法开始兴起。2015 年，百度发布了全球首个互联网神经网络翻译系统。短短三四年的时间，基于神经网络的翻译系统在大部分语言上已经超过了基于统计的翻译系统。

3 种翻译方法的优缺点对比如表 6.1 所示。

表 6.1　3 种翻译方法的优缺点对比

翻 译 方 法	优　点	缺　点
基于规则的翻译	使用语言学专家知识，准确率高	成本高，周期长
基于统计的翻译	建模成本低	数据稀疏
基于神经网络的翻译	模型优化	翻译零散

知识点 3：机器翻译的主要挑战

1. 译文选择

由于语言中一词多义的现象比较普遍，机器在翻译句子时，会面临选词的问题。如在图 6.5 中，源语言句子中的"看"，可以翻译成"look"、"watch"、"read"和"see"等，机器如何选择，要看后面的宾语"日出"，即只有机器翻译系统知道"看"的宾语"日出"，才能做出正确的译文选择，把"看"翻译为"watch"，即"watch the sunrise"。

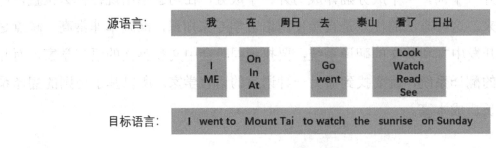

图 6.5　译文选择

2. 词语顺序的调整

因为文化及语言发展有差异，一些语言成分的顺序可能是完全相反的。如图 6.5 中，时间状语"在周日"在英语中习惯上放在句子后面，而在中文中习惯先表述时间。而语序调整的这种情况，在句子变长时会更加复杂。

3. 数据稀疏

目前的机器翻译技术基本是基于大数据的，在大量数据上训练，获得一个比较好的效果。据统计，人类现在的语言种类超过五千种，但由于分布不均匀，目前大数据百分之九十以上都是做中文和英文的双语句，而中文和其他语言的双语句资源非常少。没有数据基础，训练是非常困难的。

知识点 4：语音翻译的评价方法

评价语音翻译的译文质量主要有两种方式。

1. 人工评价

"信"用来衡量忠实度，即"信"衡量译文是不是忠实地反映了原文想要表达的意思。"达"可以理解为流利度，即译文是不是在目标语言中是一个流畅、地道的表达。"雅"则是语音翻译水平还远没有达到的状态。

2. 自动评价

自动评价能够快速地反映出一个语音翻译的质量好还是不好，与人工评价相比，自动评价成本低、效率高。现在一般采用的方法是基于 N-Gram（N 元语法）的评价方法。通常大家使用 BLEU 值。BLEU 值一般是在多个句子构成的集合（测试集）上计算出来的，这个测试集可能包含一千个句子或两千个句子，在整体上衡量翻译系统的性能。

下面将使用具体的例子来对 BLEU 评价指标进行计算。BLEU 评价指标主要利用了 N-Gram 来对翻译译文和标准译文进行匹配。比如：

> 机器译文：It is a nice day today
> 人工译文：Today is a nice day

如果使用 1-Gram 进行匹配，则可以得到图 6.6。

此时可以看到机器译文和人工译文的匹配的词语为 5 个，而机器译文的总词汇量为 6，所以 1-Gram 的匹配度为 $P_1 = 5/6$。

如果使用 3-Gram 进行匹配，则可以得到图 6.7。

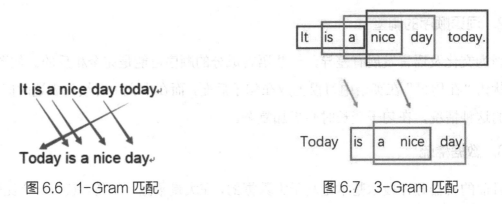

图 6.6　1-Gram 匹配　　　　　　　　　图 6.7　3-Gram 匹配

首先使用机器译文的"It is a"与人工译文进行匹配，结果不匹配。接着使用机器译文的"is a nice"与人工译文进行匹配，结果匹配。再使用机器译文的"a nice day"与人工译文进行匹配，结果匹配。最后使用机器译文的"nice day today"与人工译文进行匹配，结果不匹配。匹配的个数为 2，而机器译文共有 4 个词组，所以 3-Gram 的匹配度为 $P_3 = 2/4$。

按照同样的方法可以计算得到 2-Gram 的匹配度为 $P_2 = 3/5$，4-Gram 的匹配度为 $P_4 = 1/3$。一般使用 1-Gram、2-Gram、3-Gram 和 4-Gram 来衡量句子与句子之间的匹配度。

计算得到了 N-Gram 的值，接下来需要计算长度惩罚因子。长度惩罚因子的计算公式如下：

$$\mathrm{BP} = \begin{cases} 1 & l_c > l_s \\ e^{1-\frac{l_s}{l_c}} & l_c \le l_s \end{cases}$$

其中 l_c 表示机器翻译译文的长度，l_s 表示人工译文的有效长度。如上面例子 $l_c = 6$，$l_s = 5$，则长度惩罚因子 BP=1。

通过 BLEU 值的计算公式可以得到 BLEU= $\mathrm{BP} \times \exp\{[\log(P_1) + \log(P_2) + \log(P_3) + \log(P_4)]/4\} = 1 \times \exp\{[\log(5/6) + \log(3/5) + \log(2/4) + \log(1/3)]/4\} = 0.7635$。则该句子翻译的 BLEU 值为 0.7635。

项目实施：语音翻译应用——智能语音中英互译

基于知识准备的学习，同学们已经了解了语音翻译的基本工作原理。接下来将通过百度 AI 开放平台实现语音翻译。项目的实施流程如图 6.8 所示。

图 6.8　项目的实施流程

创建应用

本项目首先使用语音识别技术将音频文件转换为文本，然后利用文本翻译技术将中文文本翻译成英文。所以本项目需要两个应用：语音识别应用和文本翻译应用。

本项目的语音识别和文本翻译都使用百度 AI 开放平台的 API 接口，语音识别应用的创建和文本翻译应用的创建可以参考前面的项目，两个应用分别如图 6.9 和图 6.10 所示。

图 6.9　语音识别应用

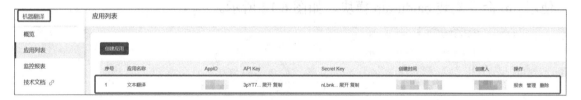

图 6.10　文本翻译应用

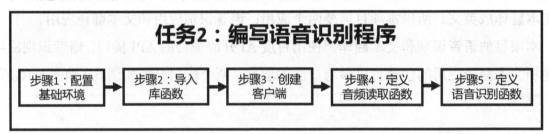

任务2

编写语音识别程序

在创建语音识别应用和文本翻译应用后,首先编写语音识别程序,流程如图 6.11 所示。

任务2:编写语音识别程序

| 步骤1:配置基础环境 | → | 步骤2:导入库函数 | → | 步骤3:创建客户端 | → | 步骤4:定义音频读取函数 | → | 步骤5:定义语音识别函数 |

图 6.11 编写语音识别程序的流程

步骤 1:配置基础环境

使用 pip 命令安装 baidu-aip 模块,如图 6.12 所示。

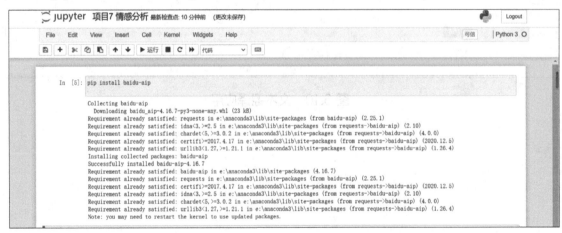

图 6.12 使用 pip 命令安装 baidu-aip 模块

步骤 2:导入库函数

实现语音翻译需要对数据进行编码和解码,以及调用百度 API 进行语音识别,导入相关的库函数有助于功能的实现。

```
import requests
from record import my_record
```

```
from aip import AipSpeech
```

（1）requests：用于进行 HTTP 请求。

（2）my_record：用于录制标准格式的音频数据，音频的标准格式如下。

```
framerate = 16000
NUM_SAMPLES = 2000
channels = 1
sampwidth = 2
```

（3）AipSpeech：百度语音的客户端，认证成功之后，客户端将被开启，调用客户端
来进行语音识别。

步骤 3：创建客户端

使用百度 AI 开放平台实现语音识别，需要使用获取的百度 AI 云服务应用参数
AppID、API Key、Secret Key 来创建客户端，以实现相应功能。首先设置语音识别的 AI
云服务参数。

```
# 使用语音识别的 API 信息
APP_ID = ' '
API_KEY = ' '
SECRET_KEY = ' '
```

创建语音识别的客户端。

```
# 创建语音识别的客户端
client = AipSpeech(APP_ID, API_KEY, SECRET_KEY)
```

其中，client 为语音识别的客户端，可以调用客户端中的相关函数对音频数据进行语
音识别。

步骤 4：定义音频读取函数

创建客户端后，需要打开用于识别的音频文件，定义音频读取函数对音频文件进行读
取，便于后面的语音识别。

```
#定义音频读取函数
def get_file_content(filePath):
    with open(filePath, 'rb') as fp:      #打开音频文件
        return fp.read()          #一次性读取音频文件的全部内容
```

其中，filePath 参数表示音频文件的存储路径。open()函数用于打开音频文件。使用
read()方法一次性读取音频文件。

步骤 5：定义语音识别函数

定义语音识别函数对读取的音频文件进行语音识别，为后面的翻译做准备。

```
#定义语音识别函数
def speech_recognition(audio_name):
    get = client.asr(get_file_content(audio_name), 'wav', 16000,
{'dev_pid': 1537, })   #用于语音识别
    print(get)
    res = get['result'][0]
    return res      #一次性读取语音识别的结果
```

首先调用 get_file_content()函数读取音频，然后调用语音识别客户端 client 的语音识别方法 asr()将读取的音频数据进行语音识别，其中，wav 表示音频文件的属性，16000 表示采样频率，'dev_pid':1537 表示识别语言为普通话。最后打印语音识别的结果，并将结果赋值给 res。

设置音频的文件名，调用 my_record()函数录制 5 秒的标准音频，音频的录制时长可以根据实际的情况进行设置。然后调用 speech_recognition()语音识别函数进行语音识别，将语音识别的结果赋值给 res。

```
print("开始录音…")
audio_name='data0.wav'
my_record(audio_name,5)
print("进行语音识别")
res = speech_recognition(audio_name)
```

任务3

编写文本翻译程序

接下来将使用百度文本翻译功能对语音识别的结果进行翻译。本任务将中文翻译为英文，编写文本翻译程序的流程如图 6.13 所示。

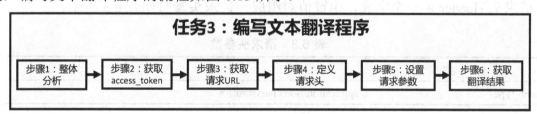

图 6.13　编写文本翻译程序的流程

步骤 1：整体分析

完成语音识别后，对识别出来的结果 res 进行语音翻译，再输出翻译的结果。

在进行语音翻译前需要对语音翻译的相关参数进行配置。首先明确语音翻译的源语言为简体中文，目标语言为英文。百度 AI 开放平台支持多种语言的互译，如表 6.2 中展示了百度 AI 开放平台支持的部分语言及其代码，详细的语言代码可以参考百度 AI 开放平台的官方文档。

表 6.2　百度 AI 开放平台支持的部分语言及其代码

语　　言	代　　码
中文（简体）	zh
中文（繁体）	cht
中文（文言文）	wyw
英语	en
日语	jp
韩语	kor
法语	fra
西班牙语	spa

从表 6.2 可知，源语言简体中文的代码为"zh"，目标语言英文的代码为"en"，这在文本翻译时需要使用。

再来看要调用文本翻译的 API 接口的请求说明。在请求说明中可以了解调用 API 需要的所有信息。

进行文本翻译可以使用 POST 请求。使用 POST 请求需要知道 3 个参数：请求 URL、请求头 Header 和请求参数。

1）请求 URL

请求 URL 由两部分组成：文本翻译的 URL 和 access_token。根据官方文档，文本翻译的 URL 为 https://aip.baidubce.com/rpc/2.0/mt/texttrans/v1，access_token 可以通过 API Key 和 Secret Key 获取。

2）请求头 Header

请求头 Header 是一个字典，由键值对组成。请求头参数如表 6.3 所示。

表 6.3　请求头参数

参　　数	值
Content-Type	application/json;charset=utf-8

3）请求参数

请求参数同样是一个字典，由键值对组成。必需的请求参数如表 6.4 所示。

表 6.4　必需的请求参数

参　　数	类　　型	描　　述
from	text	源语言的代码
to	text	目标语言的代码
q	text	请求翻译的内容

由表 6.4 可知，对于中-英翻译，参数 from 对应的值为 zh，参数 to 对应的值为 en，参数 q 则是任务 2 进行语音识别的结果。

步骤 2：获取 access_token

由整体分析可知，获取请求 URL 需要先使用 API Key 和 Secret Key 获取 access_token。获取 access_token 可以使用 GET 请求。使用 GET 请求需要知道 access_token 的请求 URL。access_token 的请求 URL 由 4 部分组成：授权服务地址、grant_type、client_id 和 client_secret，如表 6.5 所示。

表 6.5　access_token 的请求参数

参　　数	说　　明
授权服务地址	https://aip.baidubce.com/oauth/2.0/token
grant_type	固定为 client_credentials

续表

参　　数	说　　明
client_id	应用程序的 API Key
client_secret	应用程序的 Secret Key

根据表格信息可以获取 access_token。

```
host = 'https://aip.baidubce.com/oauth/2.0/token?grant_type=client_
credentials&client_id=【官网获取的 API Key】&client_secret=【官网获取的 Secret
Key】'   #获取 access_token 的 URL
response = requests.get(host)   #使用 GET 请求得到返回结果
result = response.json()    #将结果转换为 JSON 格式便于提取信息
print(result)
```

注意代码中的【官网获取的 API Key】和【官网获取的 Secret Key】分别使用应用程序的 API Key 和 Secret Key 进行替换。

首先将 4 个部分进行组合得到 access_token 的请求 URL，命名为 host，然后使用 GET 请求获得返回结果 response，通过 json()方法将返回的结果转换为 JSON 格式便于信息的提取，最后使用 print()函数打印结果。运行代码得到的返回结果如下。

```
{'refresh_token': '25.10f4a95a7b6f66f05d94a7418fe246c0.315360000.
1993111547.282335-26352340',    'expires_in':    2592000,    'session_key':
'9mzdCucv2ABj/CHjUVCg86cGJ+lNMBQkkpi+EXAA2u7ptuUNlNd+IyQD1woNlMN4M/9LVJec3aF
pnencC92TrwXGqSYOaA==', 'access_token': '24.1c0899d7bed6080ef0b7a013cf15df29.
2592000.1680343547.282335-26352340',    'scope':    'public   brain_all_scope
brain_mt_texttrans brain_mt_texttrans_with_dict brain_mt_doctrans wise_adapt
lebo_resource_base lightservice_public hetu_basic lightcms_map_poi kaidian_
kaidian ApsMisTest_Test 权限 vis-classify_flower lpq_开放 cop_helloScope
ApsMis_fangdi_permission    smartapp_snsapi_base    smartapp_mapp_dev_manage
iop_autocar oauth_tp_app smartapp_smart_game_openapi oauth_sessionkey smartapp_
swanid_verify smartapp_opensource_openapi smartapp_opensource_recapi fake_face_
detect_开放 Scope vis-ocr_虚拟人物助理 idl-video_虚拟人物助理 smartapp_
component smartapp_search_plugin avatar_video_test b2b_tp_openapi b2b_tp_
openapi_online    smartapp_gov_aladin_to_xcx',    'session_secret':
'8a9dafcdac910ce23a554fdf8ae5602a'}
```

返回的结果为一个字典，该字典存在很多的键值对，在这些信息中，access_token 键对应的值就是根据 API Key 和 Secret Key 获取的 access_token。使用字典的访问方式提取信息，具体代码如下。

```
token = result['access_token']
print(token)
```

运行代码获取 access_token，并将 access_token 赋值给 token，运行结果如下。

```
'24.7c03d3af3da03c186d03d754eaf7abb3.2592000.1680344105.282335-26352340'
```

步骤 3：获取请求 URL

由整体分析可知，请求 URL 由两部分组成：文本翻译的 URL 和 access_token。步骤 2 已经获取了 access_token，获取请求 URL 的代码如下。

```
url = 'https://aip.baidubce.com/rpc/2.0/mt/texttrans/v1?access_token='
+ token
```

将两部分进行拼接得到请求 URL。

步骤 4：定义请求头

由整体分析可知，请求头为字典，且该字典包含一个键值对。创建该字典的代码如下。

```
headers = {'Content-Type': 'application/json'}
```

步骤 5：设置请求参数

由整体分析可知，请求参数为字典，且包含 3 个必需的参数，设置请求参数的代码如下。

```
q = res
from_lang = "zh"
to_lang ="en"
payload = {'q': q, 'from': from_lang, 'to': to_lang}
```

其中，q 为需要翻译的内容，即任务 2 通过语音识别得到的结果；from_lang 为源语言，设置为中文 zh；to_lang 为目标语言，设置为英语 en。最后创建请求参数的字典 payload。

步骤 6：获取翻译结果

文本翻译使用 POST 请求，通过前面的步骤，POST 请求需要的 3 个参数都已经获取，接下来使用 POST 请求获取翻译的结果。具体代码如下。

```
r = requests.post(url, params=payload, headers=headers)
result = r.json()
print(result)
```

使用 POST 请求得到翻译的结果 r，调用 json()方法将结果转换为 JSON 格式便于信息的提取，最后使用 print()函数打印结果。运行代码得到的结果如下。

{'result': {'from': 'zh', 'trans_result': [{'dst': 'study hard and make progress every day', 'src': '好好学习，天天向上'}], 'to': 'en'}, 'log_id': 1631242760716600607}

返回的结果为一个字典，该字典存在很多的键值对，返回结果的说明如表 6.6 所示。

表 6.6　返回结果的说明

参　　数	类　　型	是 否 必 须	说　　明
result	object	是	返回结果的 JSON 字符串，其中包含要调用的各个模型服务的返回结果
from	text	是	源语言
dst	text	是	译文
src	text	是	翻译原文
to	text	是	目标语言
log_id	uint64	是	唯一的 log_id，用于问题定位

通过返回结果及字典的访问方式分别提取原文和译文，方便查看。提取的代码如下。

```
print("原文为: ",result['result']['trans_result'][0]['src'])
print("译文为: ",result['result']['trans_result'][0]['dst'])
```

由返回的结果首先访问键 result，获取对应的 JSON 字符串，同样在此基础上访问键 trans_result，获取对应的值，结果为一个列表。列表的第一个元素存储了两个字典，分别为原文和译文，分别访问 src 和 dst 获取原文和译文，得到的结果如下。

```
原文为: 好好学习，天天向上
译文为: study hard and make progress every day
```

测试语音翻译程序

通过前面的任务，此时已经完整实现了语音翻译，接下来将对代码进行测试，并计算 BLEU 值，将测试结果填写在表 6.7 中。

表 6.7　测试结果

名　　称	输入/结果	1-Gram	2-Gram	3-Gram	4-Gram	长度惩罚因子	BLEU
语音输入							
机器译文							
人工译文							

测一测

1．下面正确的选项是（　　　）。

　　A．机器翻译的任务就是将句子由源语言翻译成目标语言

　　B．机器翻译是人工智能的终极目标之一

　　C．机器翻译就是把一种语言翻译成另外一种语言

　　D．机器翻译是人工翻译后再经过机器传输的

2．机器翻译的主要挑战不包括（　　　）。

　　A．译文选择　　　　　　　　　B．词语顺序的调整

　　C．语言翻译　　　　　　　　　D．数据稀疏

3．找人类语言学家来编写规则，将一个词翻译成另外一个词，这种方式是基于（　　　）的翻译。

　　A．规则　　　　B．神经网络　　　　C．统计　　　　D．概率

4．基于神经网络的翻译主要包含两部分，一个是编码器，另一个是（　　　）。

　　A．译码器　　　B．解码器　　　　C．加法器　　　D．解释器

5．在进行语音翻译前需要对语音翻译的相关参数进行设置。首先设置语音翻译的（　　　）。

　　A．接口地址　　　B．编码地址　　　C．翻译地址　　　D．解码地址

做一做

一名同学为一组，想出一句自我介绍，运行代码进行录音，使用项目实施的代码对音频文件进行翻译，将结果填写到表 6.8 中。

表 6.8 翻译结果

句　子	翻　译　前	翻　译　后

工作页

一、项目目标

学习本项目后,将自己的掌握情况填入表 6.9,并对相应项目目标进行难度评估。评估方法:对相应项目目标后的☆进行涂色,难度系数范围为 1~5。

表 6.9　项目目标自测表

序　号	项 目 目 标	目标难度评估	是否掌握(自评)
1	了解语音翻译的基本原理	☆☆☆☆☆	
2	了解语音翻译面临的主要挑战	☆☆☆☆☆	
3	了解语音翻译的发展历程	☆☆☆☆☆	
4	掌握语言翻译的评价方法	☆☆☆☆☆	
5	能够理解翻译程序中函数的作用	☆☆☆☆☆	
6	能够对语音翻译效果进行评估	☆☆☆☆☆	

二、项目分析

通过学习机器翻译相关知识,使用百度 AI 开放平台进行语音识别,同时借助百度 AI 开放平台使用文本翻译技术进行语音翻译,最终实现机器翻译。请将项目具体实现步骤(简化)填入图 6.14 横线处。

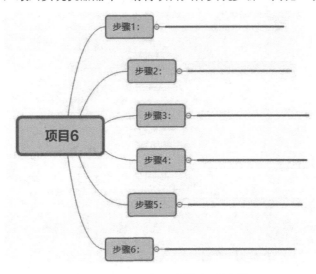

图 6.14　项目 6 具体实现步骤

三、知识抽测

1. 级联语音翻译系统是由五部分组成,将空白处补全。

源语言音频→＿＿＿＿＿＿→源语言文本→＿＿＿＿＿＿→目标语言文本

2. 使用 BLEU 测评标准对翻译出来的机器译文与人工译文计算 1-Gram 的匹配度。

机器译文:It is a nice day today

人工译文:Today is a nice day;

P1=_____

四、任务 1 创建应用

在学习之前，了解语音翻译包括哪两个应用，用截图的方式展示这两个应用通过使用百度 AI 开放平台的 API 接口打开后的结果。将这两个应用名称及创建应用结果填入表 6.10。

表 6.10　创建应用

应用 1: _____	应用 2: _____

五、任务 2 编写语音识别程序

对编写语音识别的步骤进行排序并填入○中，将步骤与右侧的相关描述进行连线。

○	创建客户端	导入requests()、AipSpeech()、my_record()函数
○	配置基础环境	需要asr()、speech_recognition()等函数或方法
○	定义音频读取函数	使用pip命令安装baidu-aip模块
○	导入库函数	需要用到AI云服务应用参数AppID等
○	定义语音识别函数	需要用到open()、read()函数或方法

六、任务 3 编写文本翻译程序

文本翻译使用 POST 请求，以下代码的功能是使用 POST 请求获取翻译的结果。请将以下代码补全。

```
r=_____.post(_____,_____,_____)
result=r._____( )
print(result)
```

七、任务 4 测试语音翻译程序

对前面完成的语音翻译功能的代码进行测试，并将两次测试结果填入表 6.11。

表 6.11　语音翻译测试结果

	语 音 输 入	机 器 译 文	人 工 译 文
1			
2			

项目 **7**

情感分析：让端侧机器人有情

项目背景

　　情感在交流中发挥着极其重要的作用，可以表达人对外部事件或对话的态度。情感识别具有极大的应用价值，准确识别人的情感状态对社交机器人、医疗、商品评价和一些其他的人机交互系统都有重要意义。在人工智能产品和人的交互过程中，如果能够准确地把握人当前的情感状态，并根据情感状态做出回应，可以极大地提升用户对人工智能产品的体验。

　　本项目将使用目前主流的 AI 开放平台，通过对其 AI 能力的调用，实现对用户语音的情感分析。

教学目标

　　（1）了解情感分析的定义及分类。

　　（2）了解表情情感分析。

　　（3）了解语音情感分析。

　　（4）了解文本情感分析。

　　（5）能够熟练使用 AI 平台的情感分析功能。

　　（6）能够通过程序逻辑搭建情感分析系统。

项目分析

　　本项目首先在理论知识部分，学习情感分析的定义及分类，了解基于表情、语音和文本的情感分析，具体知识准备思维导图如图 7.1 所示。然后借助百度 AI 开放平台，通过调用该平台的语音识别和自然语言处理能力，搭建语音情感分析系统。具体分析如下。

（1）了解情感分析及其分类。

（2）了解基于表情、语音和文本的情感分析。

（3）在百度 AI 开放平台创建语音识别应用和自然语言处理应用。

（4）定义相关函数，并编写语音情感分析程序。

（5）测试语音情感分析程序，对输入的语音进行情感分析。

知识准备

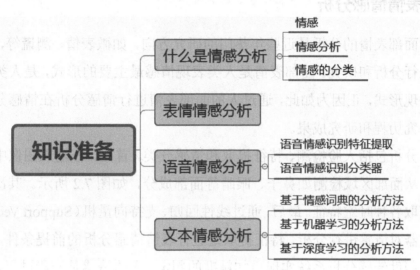

图 7.1　知识准备思维导图

知识点 1：什么是情感分析

1. 情感

情感是一种内在和外在综合表现所体现出来的状态。其中，情感的外在表现主要是指人能直观观察到的情感信息，如人的面部表情的变化，人语音的语调、音调的变化，姿态动作的变化，文字表达的转折等；情感的内在表现主要是指一些人不能直观看到、只能通过相关仪器测量的信息，如人的脉搏、体温、血压等生理信号，人的脑电信号等。

2. 情感分析

情感分析又被称为意义挖掘和主观性分析，它利用各种数字量化的信息，使用计算机和人工智能技术来分析情感，这种分析包括对情感特征的提取，建立情感特征与情感标签的映射关系，对情感的预测并根据这种预测对情感状态进行准确的判断[1]。

情感特征的提取涉及多个模态，依据人类接受情感信息的方式，情感特征包括表情情

---

① 陈彩华. 基于语音、表情与姿态的三模态普通话情感识别[J]. 控制工程，2020，27（11）：2023-2029.

感特征、语言情感特征、文本情感特征等多种模态。

3. 情感的分类

在大多数应用中，可以将情感按照极性/倾向进行划分，可以分为两类：正面、反面，或者三类：正面、反面和中立。正面类别（Positive）指文本中持有积极的（支持的、健康的）态度和立场；反面类别（Negative）指文本中持有消极的（反对的、不健康的）态度和立场；中立类别（Neutral）指文本中持有中立的态度和立场。

知识点 2：表情情感分析

针对人的面部表情的分析是近些年热门的研究方向，如微表情、测谎等，都需要对人的面部表情进行分析和研究。面部表情是人类表现情感最主要的形式，是人类最直观和最直接的情感表现形式，正因为如此，通过人的面部表情进行情感分析在情感分析领域有着非常丰富的研究历程和研究成果。

表情情感分析包括人脸检测、特征提取和情感分类。首先，在输入图像中定位面部表情的位置，并从面部区域检测如鼻子、眼睛等面部成分，如图 7.2 所示。其次，从人脸的各个成分中提取各种时空特征。最后，通过线性回归、支持向量机（Support Vector Machine，SVM）等分类器对情感进行分析。特征提取是进行表情情感分析的前提条件，合适的表情情感特征能够帮助情感分析系统实现更加精准的判定。人的情感是一段过程，不仅仅是短暂的变化，因此，在进行面部表情情感分析时，不需要对视频中所有的帧进行分析，只需要按照一定时间间隔采样视频帧，并对这些视频帧进行分析，就可以达到依据面部表情判断情感的目的。这种方法既降低了计算资源的消耗，也可以避免引入一些噪声数据，对情感判定的精度造成影响。

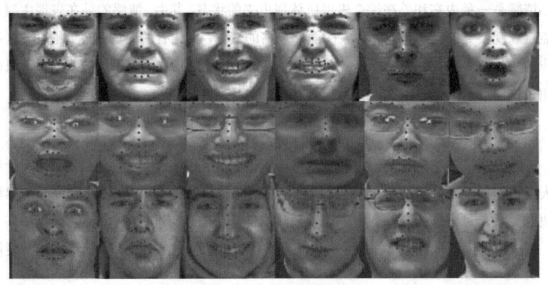

图 7.2　定位面部表情的位置

项目 7　情感分析：让端侧机器人有情

📖 小贴士

分类器

分类是人工智能的一种重要方法，是在已有数据的基础上学习一个分类函数或构造一个分类模型，该函数或模型就是一个能完成分类任务的人工智能系统，即分类器（Classifier）。

知识点 3：语音情感分析

语音是人类应用最广泛的交流方式，既可以传递语义信息，也包含重要的情感信息。语音情感分析的目标是从语音中识别出人类的情感状态。在人机交互系统中，赋予机器分析语音所传递的情感的能力具有十分重要的意义，这将使人机之间的对话更加自然、和谐。

语音情感识别的主要流程包括预处理、特征提取和情感分类，如图 7.3 所示。首先，进行预处理操作，包括对语音信号预加重、划分语音帧、加窗滤波等。其次，在完成特征提取后，通过对原始特征进行特征降维，提取能够表征语音的时空特征。最后，使用如线性回归、支持向量机等分类模型进行匹配，得出语音情感分析结果。

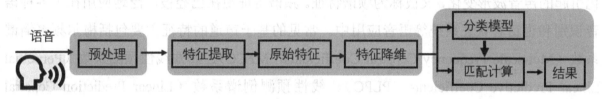

图 7.3　语音情感识别的流程

1. 语音情感识别特征提取

1）基于韵律的特征

在生活中，我们可以直观感受到，情感会使得我们交流时的语调、声调和重音发生变化。一个人所说的语言，不论是否经意，其表达的语气、情感都和韵律有关。在语言学中，韵律特征被广泛称为"超音段特征"或"超语言学特征"，其一般关注时序下的语音信号，具有边缘特性。边缘特性是指语音信号中高低音、停顿、节奏律动、音量强度等方面产生的变化。韵律特征包括基本频率、节奏、强度等，对应语音信号中体现的音高、音长、音强等。这些变量的不同组合被应用于语调、声调和重音中，组成了丰富的语音表达。

基本频率即基频，也被称为音调，可以传达有关感情状态的大量信息。有研究发现，中性或非情感性语言的音调范围比情感性语言的音调范围窄得多，随着情感强度的增加，中性语音中出现的停顿的频率和持续时间会减少。更有研究者从 EMO-DB 数据集中提取出了 133 个韵律特征。

📖 小贴士

EMO-DB 数据集

EMO-DB 数据集是由柏林工业大学录制的德语情感语音库，由 10 位演员（5 男 5 女）对 10 个语句（5 长 5 短）进行 7 种情感的模拟得到，7 种情感包括中性（Neutral）、生气（Anger）、害怕（Fear）、高兴（Joy）、悲伤（Sadness）、厌恶（Disgust）、无聊（Boredom），共包含 800 句语料。

基于节奏的特征包括语速、语音之间的停顿、浊音段的长度等，可以使用每秒的音、字节数进行统计。一般来说，恐惧、厌恶、愤怒、快乐这些高激活水平的情感具有较快的节奏，惊奇这类中激活水平的情感具有正常的节奏，而悲伤这类情感的节奏则比较慢。

强度通常又被称为语音的能量或音量，提供了可以用于区分语音情感的信息。当人处于愤怒、惊讶和快乐的情绪时，其语音的能量会明显增强，而当人处于悲伤、恐惧和厌恶的情绪时，其语音的能量会降低。

2）基于声道的特征

声道特征是由于个体的声道运动造成的，声道中央压力、长度张力及肌肉张力等的变化引起的声音波形变化，又被称为频谱特征。频谱特征现在已经被广泛地应用在了各种语音识别和说话者认证系统等语音应用中。常见的基于声道的特征主要包括梅尔频率倒谱系数（Mel-scale Frequency Cepstral Coefficients，MFCC）、感知线性预测系数（Perpetual Linear Predictive Coefficients，PLPC）、线性预测倒谱系数（Linear Prediction Cepstral Coefficients，LPCC）、对数频率功率系数（Log-Frequency Power Coefficients，LFPC）等。

3）基于音质的特征

音质特征一般描述的是语音信号的质量，是描述一段语音信号情感特征较为主观的方法，通过该特征可以辨别当前语音是否清晰。音质一般可以从音调的微扰动、音调强度的变化等方面进行描述。音质的特征通常包括共振峰频率、频谱中心矩、谐波噪声比。

2. 语音情感识别分类器

模式识别是计算机领域的经典研究方向，语音情感分类也是模式识别的一类重要应用。根据模式识别，用于语音情感分类的分类器可以分为两种：线性分类器和非线性分类器。线性分类器一般有使用隐马尔可夫模型和混合高斯模型的概率统计分类方法，以及使用人工神经网络（Artificial Neural Network，ANN）和支持向量机的分类器学习方法。非线性分类器主要是指基于深度神经网络的分类器，如深度玻尔兹曼机（Deep Boltzmann Machine，DBM）、循环神经网络、卷积神经网络和自动编码器（Autoencoder，AE），这些深度学习技术是语音情感识别的基础技术。

小贴士

线性分类器和非线性分类器

线性分类器用一个"超平面"将正、负样本分隔开，例如：

（1）二维平面上的正、负样本用一条直线进行分类。

（2）三维立体空间内的正、负样本用一个平面进行分类。

（3）N 维空间内的正、负样本用一个超平面进行分类。

非线性分类器用一个"超曲面"或多个超平（曲）面的组合将正、负样本分隔开，例如：

（1）二维平面上的正、负样本用一条曲线或折线进行分类。

（2）三维立体空间内的正、负样本用一个曲面或者折面进行分类。

（3）N 维空间内的正、负样本用一个超曲面进行分类。

线性分类器应用于情感识别的早期，深度学习当时还未加入机器学习算法家族。后来，深度学习成为机器学习中一个新兴的研究领域，受到了极大的关注，被广泛应用于语音情感识别任务。表 7.1 显示了在使用 IEMOCAP、EMO-DB 和 SAVEE 数据集测量各种情感的情况下，深度学习算法与传统算法的详细比较分析，可以看出在生气、开心和悲伤三类情绪的识别率上，作为深度学习中的重要模型的卷积神经网络有良好的表现。

表 7.1　不同分类器分类准确度对比

算　　法	生　气	开　心	悲　伤
K-邻近	93%	55%	77%
线性判别分析	68%	49%	72%
支持向量机	74%	70%	93%
正则判别分析	83%	73%	97%
卷积神经网络	99%	99%	96%

知识点 4：文本情感分析

文本的情感倾向包括文本反映的情感的方向（褒或贬）及其强度。文本情感分析是对带有情感色彩的主观性文本进行分析、处理、归纳和推理的过程，其目的是通过挖掘和分析文本中的立场、观点、看法、情绪、好恶等主观信息，对文本体现出的态度（或称情感倾向性），即文本中的主观信息进行判断。文本中的时态、语法、句法等结构在情感分析的研究中具有重要价值，文字符号信息的使用可以为情感分析模型提供更多的语义信息，能够帮助智能机器更好地理解情感状态。文本情感分析已广泛应用于社会舆情分析、产品在线跟踪与质量评价、影视评价、新闻报道评述、事件分析、股票评论、图书推荐、企业情报系统、客户关系管理等方面，具有重要意义。

文本情感分析的方法主要可以划分为三大类，分别为基于情感词典的分析方法、基于机器学习的分析方法、基于深度学习的分析方法。

1. 基于情感词典的分析方法

基于情感词典的分析方法起源于基于语法规则的文本分析方法，需要具有语法敏感性的专业人士构建情感分析的词典（正向情感词典和负向情感词典），即将某语言中用于表达情感的词汇分为两类。

基于情感词典的文本情感分析流程如图7.4所示。首先以词语为基本单位对需要分析的文本进行分句、分词等预处理。接着与情感词典进行对比，抽取情感词与短语。然后计算句子情感得分。再累计所有情感句子的情感倾向。最后得出文本情感极性和情感强度。这种情感分析的方法需要耗费大量人力来扩充情感词典，当出现语句中无情感词时，该方法将会失效，因此不能适应当今的海量文本数据，可迁移性差。

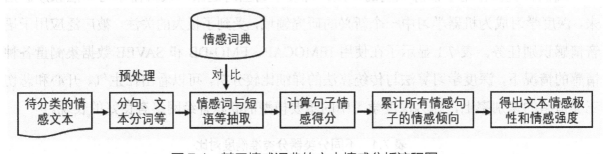

图7.4 基于情感词典的文本情感分析流程图

情感词典的来源主要有两种渠道：一种是根据搜集的语料中的情感词自定义的情感词典；另一种是使用开源的大型语料库，中文文本主要采用知网HowNet、大连理工大学的中文情感词汇本体库等，英文文本可以采用WordNet。

2. 基于机器学习的分析方法

基于机器学习的分析方法主要使用机器学习模型，生成机器学习模型需要进行大量的文档标注，利用标注好的情感类别的训练集，提取出相应的特征值，使用机器学习的分类方法来训练并得到分类器，再使用该分类器对无标注的文本进行情感分类。机器学习模型有很多，每个模型有自己擅长的领域，文本情感分析主要的模型工具有朴素贝叶斯（Naive Bayes，NB）、支持向量机和最大熵等。

基于机器学习的分析方法摆脱了依靠有限词典的局限性，且该方法的分类效果优于基于情感词典的分析方法，但是基于机器学习的分析方法成功的关键在于选择出大量高质量的标注样本，需要将最佳的特征与分类器组合，才能实现基于机器学习的文本情感分析。

基于机器学习的文本情感分析流程如图7.5所示。主要包括分类器训练和文本情感分析两个主要环节。在分类器训练过程中，通过训练集和测试集对分类器模型进行训练和调优，提高分类器的准确率。在文本情感分析环节，利用已训练好的分类器对待处理文本进行情感分析，得出情感分析结果。

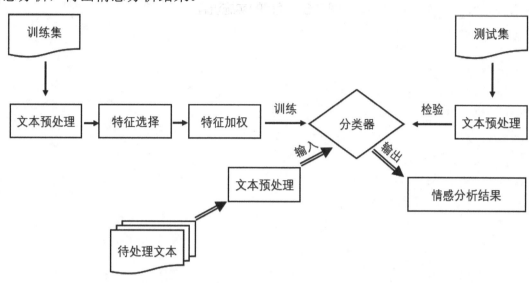

图7.5　基于机器学习的文本情感分析流程

3. 基于深度学习的分析方法

深度学习技术的发展使文本情感特征逐渐转向词向量、句子向量的表征特征。这些词向量、句子向量通过深度神经网络等技术无监督地训练文本数据，将文本特征的提取从手动变为自动。深度学习模型通常是多层结构的神经网络，在进行文本情感分析时，常用的网络模型主要有长短期记忆网络（Long Short-Term Memory，LSTM）、卷积神经网络。长短期记忆网络是一种特殊的循环神经网络，擅长对自然语言建模，对利用计算机来处理自然语言的意义重大，让计算机对自然语言的处理深入到语义理解层面。卷积神经网络是一种特殊的前馈神经网络，其卷积层可以很好地提取局部特征，并考虑句子中上下文信息。

在文本情感分析系列任务中，基于深度学习的分析方法与基于情感词典的分析方法、基于机器学习的分析方法相比，不但能够自发地完成对文本关键特征的提取，而且在模型泛化能力和准确率方面有飞跃性的提升。

项目实施：情感分析应用——智能语音情感倾向分析

基于知识准备的学习，同学们已经了解了什么是情感分析及情感特征的3个模态。接下来将通过百度AI开放平台实现对输入语音的识别并对其情感进行分析。项目的实施流程如图7.6所示。

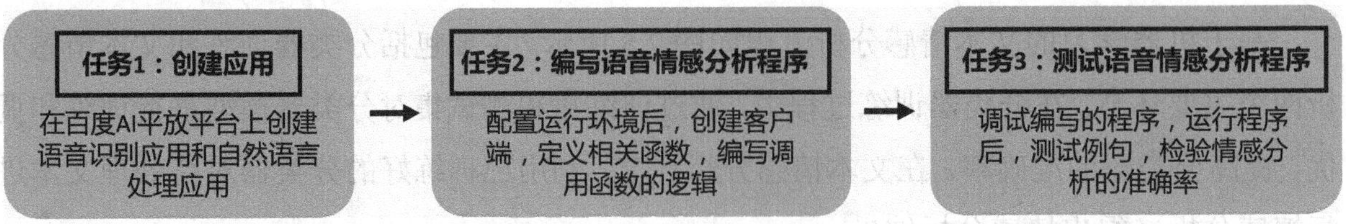
任务1：创建应用
在百度AI平放平台上创建语音识别应用和自然语言处理应用
任务2：编写语音情感分析程序
配置运行环境后，创建客户端，定义相关函数，编写调用函数的逻辑
任务3：测试语音情感分析程序
调试编写的程序，运行程序后，测试例句，检验情感分析的准确率

图 7.6　项目的实施流程

任务1

创建应用

本项目中，首先利用语音识别技术将输入的音频转换为文本，然后对文本进行情感分析。所以，本项目需要创建两个应用：语音识别应用和自然语言处理应用。

步骤 1：创建语音技术应用

（1）登录百度 AI 开放平台，在控制台中选择"产品服务"→"语音技术"选项，如图 7.7 所示。

图 7.7　选择"产品服务"→"语音技术"选项

（2）进入"语音技术"页面后，选择"应用列表"选项，进入"应用列表"页面，单击"创建应用"按钮，如图 7.8 所示。

调用百度 AI 能力需要创建相关应用，这些应用是调用 API 服务的基本操作单元。可以基于应用创建成功后获得的 API Key 及 Secret Key 调用接口。

（3）填写语音识别应用的应用名称、接口选择、语音包名、应用归属、应用描述，如图 7.9 和图 7.10 所示，单击"立即创建"按钮。

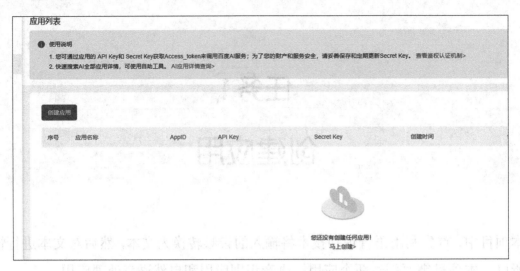

图 7.8 单击"创建应用"按钮

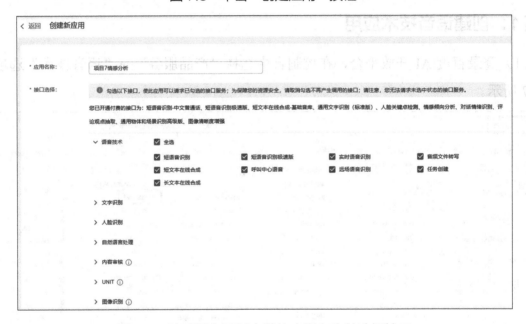

图 7.9 填写语音识别应用的应用名称并选择接口

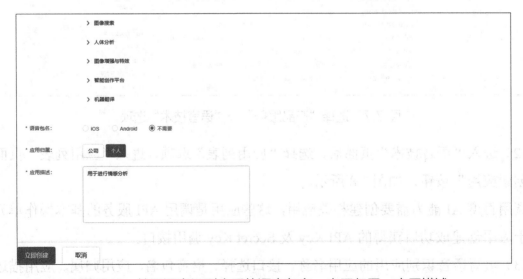

图 7.10 填写语音识别应用的语音包名、应用归属、应用描述

（4）在"应用列表"页面中，可以查看已创建的语音识别应用的 AppID、API Key、Secret Key 等信息，如图 7.11 所示。

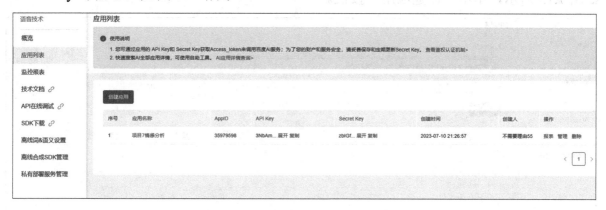

图 7.11　语音识别应用的信息

使用应用的 AppID、API Key、Secret Key，生成 Access Token（用户身份验证和授权的凭证），Access Token 的有效期为 30 天（以秒为单位），集成时注意在程序中定期请求新的 Access Token。

步骤 2：创建自然语言处理应用

（1）在百度 AI 开放平台的控制台中选择"产品服务"→"自然语言处理"选项，如图 7.12 所示。

图 7.12　选择"产品服务"→"自然语言处理"选项

项目 7　情感分析：让端侧机器人有情

141

（2）进入"自然语言处理"页面后，选择"应用列表"选项，进入"应用列表"页面，如图 7.13 所示，单击"创建应用"按钮。

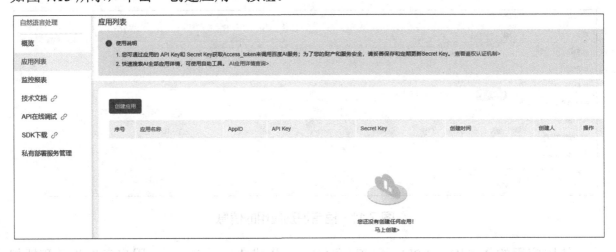

图 7.13　"应用列表"页面

（3）填写自然语言处理应用的应用名称、接口选择、应用归属、应用描述，如图 7.14 和图 7.15 所示，本项目侧重使用"接口选择"中的"情感倾向分析"接口，完成选择后，单击"立即创建"按钮。

（4）在"应用列表"页面中，可以查看自然语言处理应用的 AppID、API Key、Secret Key 等信息，如图 7.16 所示。

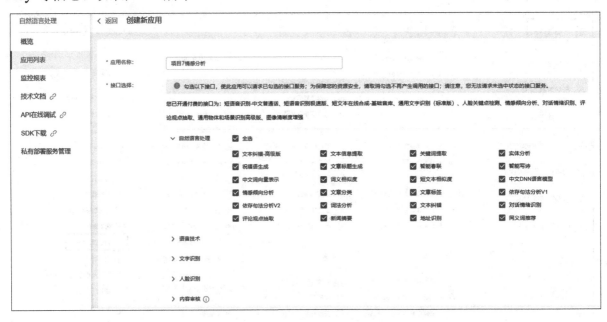

图 7.14　填写自然语言处理应用的应用名称并选择接口

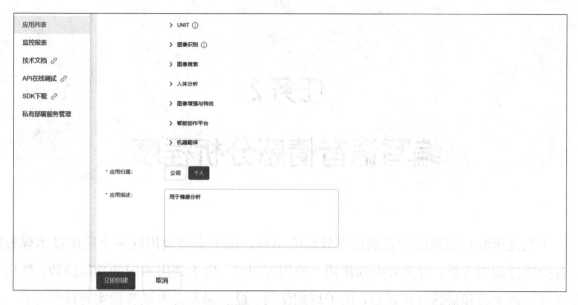

图 7.15　填写自然语言处理应用的应用归属、应用描述

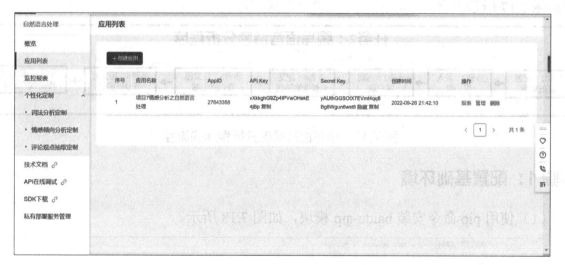

图 7.16　自然语言处理应用的信息

任务 2

编写语音情感分析程序

在创建语音识别应用和自然语言处理应用后，接下来将调用这两个应用以实现智能语音的情感倾向分析。首先分别创建两个应用客户端，用于调用相应的功能函数。然后定义语音识别函数和情感分析函数，用于后期使用。最后输入文本或音频实现情感分析。流程如图 7.17 所示。

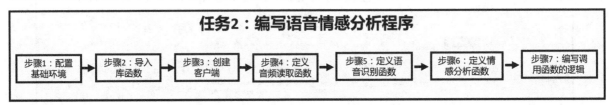

图 7.17 编写语音情感分析程序的流程

步骤 1：配置基础环境

（1）使用 pip 命令安装 baidu-aip 模块，如图 7.18 所示。

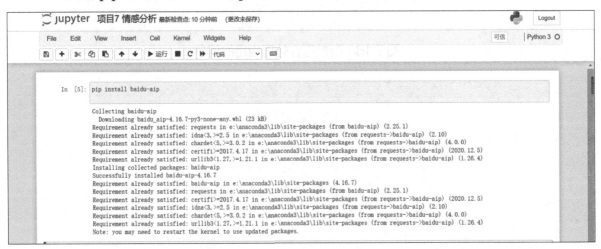

图 7.18 使用 pip 命令安装 baidu-aip 模块

（2）将引用的 record.py 复制到与项目文件相同的路径下，如图 7.19 所示。

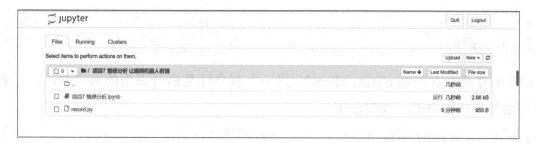

图 7.19　将 record.py 复制到与项目文件相同的路径下

步骤 2：导入库函数

实现语音翻译需要对数据进行编码和解码，以及调用百度 API 进行语音识别等操作，导入相关的库函数有助于功能的实现。

```
from record import my_record
from aip import AipNlp, AipSpeech
```

（1）my_record：record.py 中定义的函数，用于录制标准音频。

（2）AipNlp：百度自然语言处理的客户端，认证成功之后，客户端将被开启，调用客户端后用于情感分析。

（3）AipSpeech：百度语音的客户端，认证成功之后，客户端将被开启，调用客户端后用于语音识别。

步骤 3：创建客户端

使用百度 AI 开放平台实现语音识别和情感分析，需要使用获取的百度 AI 云服务应用参数 AppID、API Key、Secret Key 来创建客户端（见图 7.11 和图 7.16），以实现相应功能。

（1）设置语音识别云服务参数。

```
#语音识别云服务参数
APP_ID=' '
API_KEY=' '
SECRET_KEY=' '
```

👨‍🎓 提示：此处的 APP_ID、API_KEY、SECRET_KEY 分别与在百度 AI 开放平台上创建的语音识别应用和自然语言处理应用的 AppID、API Key、Secret Key 相对应。AppID 在百度云控制台中创建，API Key 和 Secret Key 是在应用创建完成后，系统分配给用户的，均为字符串，用于标识用户，为访问做签名验证。

（2）设置情感分析云服务参数。

```
#情感分析云服务参数
APP_ID2=' '
```

```
API_KEY2=' '
SECRET_KEY2=' '
```

（3）创建两个客户端 client、client2，第一个客户端是语音识别的客户端，第二个客户端是情感分析的客户端。代码如下。

```
# 创建语音识别的客户端
client = AipSpeech(APP_ID, API_KEY, SECRET_KEY)
# 创建情感分析的客户端
client2 = AipNlp(APP_ID2, API_KEY2, SECRET_KEY2)
```

以上代码中，client 为语音识别的客户端，客户端创建成功后可以调用客户端中的相关函数对音频数据进行语音识别。client2 为情感分析的客户端，客户端创建成功后可以调用客户端中的相关函数来进行情感分析。

步骤 4：定义音频读取函数

录音后，需要读取录制的音频。定义音频读取函数，用于读取音频数据，代码如下。

```
#定义音频读取函数
def get_file_content(filePath):
    with open(filePath, 'rb') as fp:        #使用 open()函数打开音频文件
        return fp.read()            #一次性读取音频文件的全部内容
```

在 Python 中，open()函数用于打开一个文件，创建一个 file 对象，即创建数据读取的实例。函数体中使用 with…as 将 open(filePath, 'rb')简写为 fp。其中，filePath 为需要读取的文件路径，rb 表示读取操作。创建实例后，可以调用 read()方法一次性读取所有数据，作为函数的输出结果。

步骤 5：定义语音识别函数

定义语音识别函数，用于对录制的音频进行语音识别，将音频转换为文本，为后面的情感分析做准备，代码如下。

```
#定义语音识别函数
def recognition(audio_name):
    get = client.asr(get_file_content(audio_name),
                'wav', 16000,
                {'dev_pid': 1537})
    res = get['result'][0]
    return res
```

在 recognition()函数的定义中，首先调用 get_file_content()函数读取音频，然后调用语

音识别客户端 client 的语音识别方法 asr()，对读取的音频数据进行语音识别。在 asr()方法中，wav 表示音频文件的属性，16000 表示采样频率，'dev_pid':1537 表示将识别语言设置为普通话。最后将语音识别的结果赋值给 res。

为了便于理解，假设 get 的返回值如下。

```
{'corpus_no': '7155397284424865154',
 'err_msg': 'success.',
 'err_no': 0,
 'result': ['今天天气真好。'],
 'sn': '5183579466601665995755'}
```

从上面结果可以看到，get 的返回值是字典。其中，result 键对应的值为语音识别的结果。如果使用字典访问的方式，则 get['result']返回['今天天气真好。']，此时返回的结果为一个列表。要获取语音识别的结果"今天天气真好。"，可以使用列表索引访问的方式，即 res = get['result'][0]返回的结果为"今天天气真好。"。

步骤 6：定义情感分析函数

定义情感分析函数，利用该函数对语音识别的结果进行情感分析，得到语音的情感倾向是积极、消极还是中性的。代码如下。

```
def sentiment(text):
    # 调用文本情感分析云服务接口
    res = client2.sentimentClassify(text)
    labels=['消极', '中性', '积极']
    result = labels[res['items'][0]['sentiment']]
    return result
```

定义一个 sentiment() 函数进行情感分析，调用情感分析客户端 client2 中的 sentimentClassify()函数进行情感倾向分析，设置情感标签['消极', '中性', '积极']，返回最终的情感分析的结果。

为了更好地理解返回的结果。当调用 sentimentClassify()函数时，得到的结果 res 是一个字典。假设现在 res 的结果如下。

```
{'text': '今天真开心', 'items': [{'confidence': 0.992555,
'negative_prob': 0.00335003,'positive_prob': 0.99665,'sentiment':
2}],'log_id': 1580561066716580466}
```

从结果来看，res 的结果为一个字典，其中该字典包括 text、items 和 log_id 三个键，text 键对应的值为输入的文本，items 键对应的值是一个字典，字典里存储了情感分析的结果信息。log_id 键对应的值为请求唯一标识码。

获取情感倾向结果需要提取 items 键对应的值。使用字典访问方式 res['items']得到对应的值如下。

```
[{'confidence': 0.992555, 'negative_prob':
0.00335003,'positive_prob': 0.99665,'sentiment': 2}]
```

此时 items 键对应的值为一个列表，列表里只有一个元素且是一个字典，使用列表的索引访问方式 res['items'][0]得到字典结果如下。

```
{'confidence': 0.992555, 'negative_prob': 0.00335003,'positive_prob':
0.99665,'sentiment': 2}
```

该字典包括 confidence、negative_prob、positive_prob 和 sentiment。其中，confidence 为模型置信度，negative_prob 和 positive_prob 分别表示"消极"和"积极"的概率，sentiment 表示模型识别的标签，根据标签可以输出情感分析的结果是"消极"还是"积极"。使用字典访问方式访问 sentiment 获得对应的值为 2，即 res['items'][0]['sentiment']=2。最后使用标签列表的索引访问方式输出标签，即 labels[res['items'][0]['sentiment']]=labels[2]="积极"。

步骤 7：编写调用函数的逻辑

利用在循环逻辑结构内嵌多分支条件结构，调用定义的音频读取函数、语音识别函数、情感分析函数，完成对所输入的文本或语音的情感分析。程序的逻辑如图 7.20 所示。

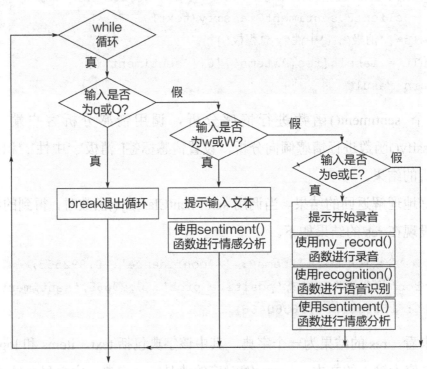

图 7.20 程序的逻辑

对应的代码如下。

```
while True:
    txt = input('请输入指令：q 退出，w 输入文本，e 录音：')
    #如果输入 q 或 Q，则直接退出程序
    if txt == 'q' or txt == 'Q':
        break
    #如果输入 w 或 W，则输入测试文本
    elif txt == 'w' or txt == 'W':
        text = input("请输入测试文本：")
        res = sentiment(text)   #情感分析
        print("评论的情感倾向是:", res)   #结果输出
    #如果输入 e 或 E，则输入测试语音
    elif txt == 'e' or txt == 'E':
        # 录音文件名称
        audio_name = 'auido.wav'
        print("开始录音…")
        #录音
        my_record(audio_name, 5)
        print("语音识别开始…")
        #语音识别
        text = recognition(audio_name)
        print("语音识别结果：", text)
        res = sentiment(text)   #情感分析
        print("评论的情感倾向是:", res)   #输出结果
```

调用 while 循环，循环条件设置为 True，说明程序会一直执行下去。使用 input()函数输入指令，如果输入的指令为 q 或 Q，则直接退出程序。如果输入的指令为 w 或 W，则提示"请输入测试文本："，调用情感分析函数对输入的测试文本进行情感分析，并将结果打印在屏幕上。如果输入的指令为 e 或 E，则提示"开始录音…"，调用 my_record()函数进行录音，其中，audio_name 为录音文件的名称，5 为录音的时长。录音结束后，调用 recognition()函数对录制的音频进行语音识别，将语音转换为文字。最后调用 sentiment()函数对转换的文字进行情感倾向分析，并将结果打印在屏幕上。

测试语音情感分析程序

步骤 1：调试并运行编写的程序

调试程序，保障各段程序可以正常执行，打开程序运行窗口，如图 7.21 所示。

请输入指令：q退出，w输入文本，e录音：

图 7.21　程序运行窗口

步骤 2：对输入的语音进行情感分析

利用编写的语音情感分析程序，对表 7.2 中的内容，分别以文字和语音两种形式，逐项进行情感分析，记录分析结果。

表 7.2　语音情感分析结果

序号	内　　容	语音情感分析结果	文本情感分析结果
1	最美不过家乡美，最浓不过故乡情		
2	空气不好时，我的心情就会不好		
3	C919 翱翔蓝天，体现了国家的意志和人民的希望		
4	中国人有力量，能做到"逢山开路，遇水架桥"		

测一测

1. 情感特征的提取涉及多个模态，依据人类接受情感信息的方式，情感特征包括（　　）。

　　A．语音情感特征　　B．文本情感特征　　C．表情情感特征　　D．高低音情感特征

2. 下列哪个不是依据倾向进行划分的情感（　　）。

　　A．正面　　　　　　B．强度　　　　　　C．中立　　　　　　D．反面

3. 语音情感的特征包括（　　）。

　　A．韵律特征　　　　B．饱和度特征　　　C．声道特征　　　　D．音质特征

4. 对线性分类器和非线性分类器的理解，不正确的是（　　）。

　　A．线性分类器用一个"超平面"将正、负样本分隔开

B．非线性分类器用一个"超曲面"或多个超平（曲）面的组合将正、负样本分
隔开

C．在二维平面上，非线性分类器用一条直线进行分类

D．在三维立体空间中，线性分类器用一个平面进行分类

5．查阅百度 AI 开放平台的帮助文档，在语音技术模块，dev_pid 为 1637，表示的语
言为（　　）。

A．英语   B．四川话

C．粤语   D．普通话（纯中文识别）

做一做

对项目中的程序逻辑进行修改，在输入 Y 时，开始录音，并对语音进行情感分析。
在输入 N 时，退出程序。

一、项目目标

学习本项目后，将自己的掌握情况填入表 7.3，并对相应项目目标进行难度评估。评估方法：对相应项目目标后的☆进行涂色，难度系数范围为 1～5。

表 7.3　项目目标自测表

序　　号	项　目　目　标	目标难度评估	是否掌握（自评）
1	了解情感分析的定义及分类	☆☆☆☆☆	
2	了解表情情感分析	☆☆☆☆☆	
3	了解语音情感分析	☆☆☆☆☆	
4	了解文本情感分析	☆☆☆☆☆	
5	能够熟练使用 AI 平台的情感分析功能	☆☆☆☆☆	
6	能够通过程序逻辑搭建情感分析系统	☆☆☆☆☆	

二、项目分析

通过学习情感分析相关知识，使用百度 AI 开放平台，对输入的语音进行识别和对其进行情感分析。请将项目具体实现步骤（简化）填入图 7.22 横线处。

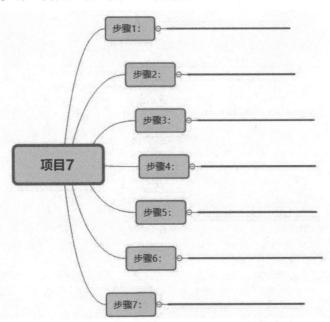

图 7.22　项目 7 具体实现步骤

三、知识抽测

1. 语音情感识别特征提取有哪些种类？

2．文本情感分析有哪些方法？

四、任务 1 创建应用

在学习之前，猜想情感分析在百度 AI 平台的哪个模块，请简述语音技术与自然语言处理之间的关系。

五、任务 2 编写语音情感分析程序

对语音情感分析的步骤进行排序并填入〇中，将对应操作与步骤连线。

〇	创建客户端	获取百度AI 云服务应用参数
〇	编写调用函数的逻辑	安装baidu-aip 模块
〇	配置环境	import AipNlp,AipSpeech
〇	定义音频读取函数	def sentiment(text):
〇	定义语音识别函数	def recognition(audio_name)
〇	定义情感分析函数	内嵌多分支条件结构
〇	导入函数	dget_file_content(filePath):

六、任务 3 测试语音情感分析程序

使用编写的语音情感分析程序，对表 7.4 中的内容，分别以文字和语音两种形式，对其进行逐项情感分析，记录分析结果。

表 7.4 语音情感分析例句

序　号	内　　容	语音情感分析结果	文本情感分析结果
1	最美不过家乡美，最浓不过故乡情		
2	空气不好时，我的心情就会不好		
3	C919 翱翔蓝天，体现了国家的意志和人民的希望		
4	中国人有力量，能做到"逢山开路，遇水架桥"		

项目 **8**

摘要提取：让端侧机器人能想

项目背景

随着网络的普及，各种媒体的资讯每一秒都在几何式地增长。新闻、社会化短文本和专业领域的文献的简短摘要，一方面可以帮助人们快速浏览和筛选信息，另一方面可以在手机等小尺寸便携设备上观看，对身处信息时代的人们颇具意义。

本项目将使用目前主流 AI 开放平台，通过对其 AI 能力的调用，根据文本和用户语音自动生成摘要。

教学目标

（1）了解文本自动摘要的概念。

（2）了解文本自动摘要的分类。

（3）了解文本自动摘要的主要方法。

（4）了解文本自动摘要的评价指标。

（5）掌握文本自动摘要函数的使用方法。

（6）能够调用平台的能力实现语音自动摘要。

项目分析

在本项目中，首先对文本自动摘要的分类、方法和评价指标进行学习，具体知识准备思维导图如图 8.1 所示。然后借助百度 AI 开放平台，使用语音识别和自然语言处理功能，根据文本和语音自动生成摘要。具体分析如下。

（1）了解文本自动摘要的分类。

（2）了解文本自动摘要的主要方法。

（3）了解文本自动摘要的评价指标。

（4）在百度 AI 开放平台创建语音识别应用和情感分析应用。

（5）定义相关函数，编写文本自动摘要提取程序。

（6）对语音识别结果和文本进行自动摘要测试。

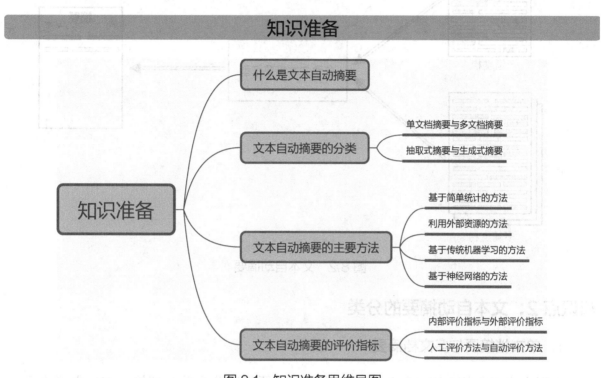

图 8.1　知识准备思维导图

知识点 1：什么是文本自动摘要

　　面对海量文本数据，如果使用一条简短的摘要来概括其关键信息，会极大地方便用户通过摘要快速领会原文传递的信息，从而提高浏览信息的效率。早期文本的摘要大多数使用人工方式生成，随着文本数据量的增长，使用人工方式为每篇文本生成摘要是不现实的。一方面，由于文本数据规模巨大，使用人工方式为文本生成摘要不但需要消耗大量人力，而且无法满足实时性的要求；另一方面，使用人工方式为文本生成摘要容易出现不客观、夸大等情况，会存在为了提高文本浏览量，人为扭曲一些实事，放大非重点词、语句的情况。面对人工方式的局限性，文本自动摘要（Automatic Text Summarization）提供了解决问题的高效方法。如图 8.2 所示，文本自动摘要根据一篇或多篇文档，自动地生成段，保留输入文本中的关键信息并生成语义通顺、简洁准确的摘要。

　　文本自动摘要是指通过自动分析一篇或多篇文章，先依据语法、句法等信息分析其中的关键信息，再通过压缩、精简得到一篇可读性高且简明扼要的摘要，这个摘要可以由文章的关键句构成，也可以随时重新生成。文本自动摘要可以快速、准确地生成文本的摘要，弥补了人工方式的不足。

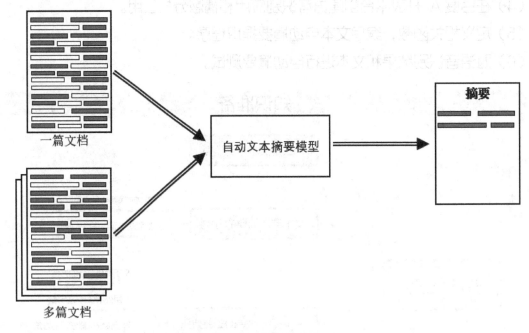

图 8.2　文本自动摘要

知识点 2：文本自动摘要的分类

1. 单文档摘要与多文档摘要

根据文本对象的个数进行划分，文本自动摘要可以分为单文档摘要和多文档摘要。

单文档摘要是对某一篇文档生成摘要，多文档摘要是对多篇文档组合而成的文档集合生成摘要。由于多文档摘要有多个主题且一般情况下文章较长，所以与单文档摘要相比，较难实现。

2. 抽取式摘要与生成式摘要

根据摘要的生成方法，文本自动摘要可以分为抽取式摘要和生成式摘要。

抽取式摘要是根据原文本一些重要的段落、句子或短语进行规则的组合后生成的摘要。简单来说，就是抽取原文本的主旨句及与主旨密切相关的句子生成摘要，内容全部来源于原文本，该种方法易于实现且每个摘要句内部语句通顺，但是得到的摘要内容较冗长，连贯性难以保证。在抽取式摘要生成过程中，首先计算原文本中的句子得分，然后根据句子得分进行筛选，最终形成摘要。但是此方法的缺陷是往往会忽略出现次数较少的词语，而这些出现次数较少的词语常常包含了原文本的重要信息，可能会丢失文本的重要信息从而无法全面表达出原文本的主旨。

与抽取式摘要相比，生成式摘要在模型对原文本有了更深入的理解之后，对原文本的深层次信息进行挖掘，对要点信息进行融合。该方法可以像人类写摘要一样，得到更加凝练的摘要。因此生成式摘要会生成新的词语和句子，更加多样化，生成式摘要更加符合人们对摘要的需求。

知识点 3：文本自动摘要的主要方法

1. 基于简单统计的方法

文本自动摘要在早期发展阶段，受限于计算机硬件的水平，基于简单统计的方法是最常用的方法。此方法只需要先统计词频、文章标题、句子位置、线索词等浅层次的文本特征，然后根据统计得到的信息给文本中的每个句子赋予一定的权重，选择权重较高的句子构成摘要。该方法的流程如图 8.3 所示。

图 8.3 基于简单统计的方法实现摘要的流程

具体流程如下。

（1）在预处理阶段，对原文本的内容进行分句、分词，去掉标点符号、停顿词（出现次数较多且与文本主旨没有关系的词，如冠词、代词等）。

（2）在特征选择阶段，选取需要的文本特征，如词频、句子位置、线索词、文章标题等。

（3）在计算特征权重阶段，获取每个特征的分数。

（4）在计算句子权重阶段，将每个句子中所有特征的分数加起来，得到每个句子的权重分数。

（5）在句子抽取阶段，抽取权重较高的句子。将抽取的句子按照在原文中出现的顺序进行排列，形成最终摘要。

2. 利用外部资源的方法

随着文本自动摘要的应用和推广，摘要的形成不再局限于文本的浅层次特征，人们更加关注句子之间的相似度及词语之间的语义关系。于是，人们开始利用背景资料、同义词表等外部资源，较为突出的方法有词汇链文本表示法、TF-IDF 等。

词汇链文本表示法是一种通过词汇链对语篇中的词汇衔接关系进行建模的文本表示方法，该方法能够体现语篇中丰富的语义信息。构建词汇链的基本思路是：选择一个候选词。判断这个词是否能插入已有的链（即判断候选词的词义是否跟已有的词汇链存在关系）。如果可以插入，则选择下一个候选词；如果不能插入，则为这个候选词新建一条词汇链。词汇链文本表示法的效率与处理的文本的长度成反比，因此该算法无法处理大量的文档。

TF-IDF 是一种用于资讯检索与资讯探勘的常用加权技术。TF-IDF 是一种统计方法，用于评估一个词语对于一个文件集合或一个语料库的其中一份文件的重要程度。字词的重要性与它在文件中出现的次数成正比，与它在语料库中出现的频率成反比。简单来说就是：一个词在一篇文档中出现的次数越多，同时在所有文档中出现的次数越少，越能够代表该文章。

3. 基于传统机器学习的方法

基于传统机器学习的方法先使用人工标注的语料进行训练，获得用来表示文本特征与句子之间重要程度的模型，然后利用这个模型对未进行人工标注的语料进行摘要抽取。基于传统机器学习的方法生成摘要的过程如图 8.4 所示。

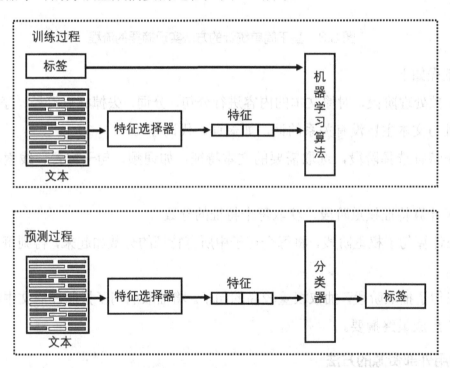

图 8.4　基于传统机器学习的方法生成摘要的过程

在训练过程中，人工为文档中的语料打上标签，提取出这些句子的特征，通过机器学习算法统计得到这些特征与句子之间的关系，形成适合的分类器。在预测过程中，将未进行人工标注的文档输入分类器，得到句子的权重分数，自动选取分数高的句子形成摘要。

4. 基于神经网络的方法

随着深度学习技术的迅速发展，文本自动摘要领域也开始逐渐应用这项技术。从计算机视觉等任务的经验中可知，深度学习技术在拥有大量标注数据时可以获得很好的性能。而文本自动摘要领域的相关数据集的规模在近几年也获得了几何倍增长，这一契机使神经网络可以更好地在文本自动摘要领域发挥作用，继而形成了抽取式神经网络文本自动摘要和生成式神经网络文本自动摘要两大方向。

知识点 4：文本自动摘要的评价指标

评价指标用于衡量一个模型的优劣。对文本自动摘要模型来说，评价指标衡量了模型生成摘要的流畅与通顺程度、摘要对原始文本中关键信息的覆盖程度，以及是否存在错误。

1. 内部评价指标与外部评价指标

文本自动摘要的评价指标可以分为两大类：内部评价指标和外部评价指标。内部评价指标主要从文字连贯性和内容完整性的角度来评价生成的摘要的质量。文字连贯性是指文本摘要在文字上的流畅程度，例如句子内部是否通顺、句子之间是否连贯等。内容完整性是指文本摘要包含原文信息量的多少，通常由人工来判断，人类的主观因素在评价过程中所占比重较大。在使用内部评价指标衡量文本自动摘要模型时，需要提供参考摘要，以参考摘要为基准评价系统摘要的质量。系统摘要与参考摘要越吻合，质量越高。

与内部评价指标不同，在使用外部评价指标衡量模型时，不需要提供参考摘要，而是利用文档摘要代替原文档执行某个与文档相关的应用，例如文档检索、文档分类等，能够提高应用性能的摘要被认为是高质量的摘要。

2. 人工评价方法与自动评价方法

文本自动摘要的评价方法主要分为人工评价方法和自动评价方法。

人工评价方法一般要求评价人具有一定的领域知识，从 6 个方面来衡量摘要的质量：是否易读；句子之间是否连贯；是否存在语法错误；摘要中的指代是否明确；摘要是否覆盖了原始文本中的关键内容；是否存在冗余。

为了解决人工评价方法的缺点，先后出现了很多自动评价方法，其中具有代表性的是 ROUGE（Recall-Oriented Understudy for Gisting Evaluation）。ROUGE 的基本思想是由多位专家生成的人工摘要构成的数据集，通过计算生成摘要和标准摘要的重叠单元数目来评价系统的稳定性和健壮性。

在自动摘要任务中，人工标记有着较强的主观因素，每个人对同一篇文档的理解可能会有较大的差异，导致人工标注的摘要结果也会存在一定的区别。此外，利用人工评价方法对文本自动摘要任务进行评测需要耗费大量的人力和时间成本，专家们也很难在短时间内对大量的实验结果逐个进行评测，因此自动评价方法逐渐成为主流评测方法。

项目实施：自然语言处理应用——新闻摘要提取

通过百度 AI 开放平台可以简单、快速地实现新闻摘要的提取。先利用语音识别接口将语音信息转换为文字信息，再利用自然语音处理接口提取新闻摘要。项目的实施流程如图 8.5 所示。

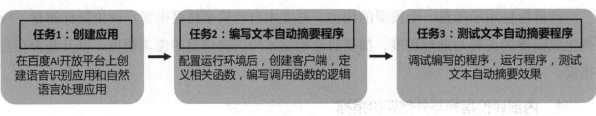

图 8.5　项目的实施流程

任务1

创建应用

本项目中，先利用语音识别技术将语音转换为文本，然后对转换后的文本进行自动摘要处理。在整个处理过程中，需要在百度 AI 开放平台上创建语音识别应用和自然语言处理应用，其中语音识别应用实现将语音转换为文本，自然语言处理应用实现文本自动摘要。

步骤 1：创建语音识别应用

（1）登录百度 AI 开放平台，在控制台中，选择"产品服务"→"语音技术"选项。

（2）进入"语音技术"页面后，选择"应用列表"选项，进入"应用列表"页面，单击"创建应用"按钮。

（3）填写语音识别应用的应用名称、接口选择、语音包名、应用归属、应用描述，单击"立即创建"按钮。

（4）在"应用列表"页面中，可以查看创建的语音识别应用的 AppID、API Key、Secret Key 等信息。完成创建后，将创建的应用的信息记录到表 8.1 中。

表 8.1　语音识别应用的信息

应 用 名 称	本项目用到的接口	应用描述（准确描述应用作用）	AppID	API Key	Secret Key

步骤 2：创建自然语言处理应用

（1）在百度 AI 开放平台的控制台中，选择"产品服务"→"自然语言处理"选项。

（2）进入"自然语言处理"页面后，选择"应用列表"选项，进入"应用列表"页面，单击"创建应用"按钮。

（3）填写自然语言处理应用的应用名称、接口选择、应用归属、应用描述，本项目侧重使用"接口选择"中的"新闻摘要"接口，"新闻摘要"选项如图 8.6 所示，单击"立即创建"按钮。

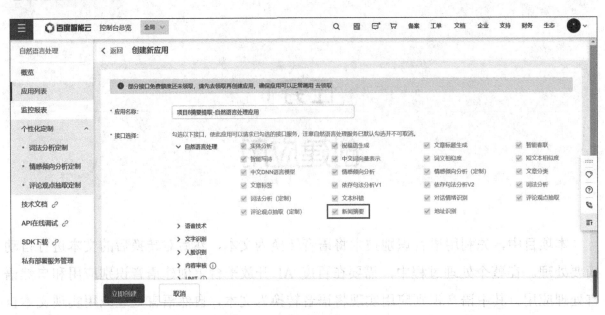

图 8.6　"新闻摘要"选项

（4）在"应用列表"页面中，可以查看创建的自然语言处理应用的 AppID、API Key、Secret Key 等信息。完成创建后，将创建的应用的信息记录到表 8.2 中。

表 8.2　自然语言处理应用的信息

应 用 名 称	本项目用到的接口	应用描述（准确描述应用作用）	AppID	API Key	Secret Key

任务2

编写文本自动摘要程序

创建语音识别应用和自然语言处理应用后，接下来编写文本自动摘要程序。首先导入需要用到的库函数，设置语音合成的相关参数，如采样率、采样声道数、采样点缓存数量和保存的音频格式等。接着在本地创建 Python 程序，使用 Python 程序编写主函数、与语音输入和识别相关的函数。编写文本自动摘要程序的流程如图 8.7 所示。

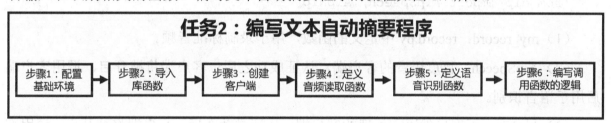

图 8.7　编写文本自动摘要程序的流程

步骤 1：配置基础环境

（1）该项目需要调用百度的 API，所以需要安装 baidu-aip 库。在 jupyter notebook 中输入下面命令安装 baidu-aip 库。

```
!pip install baidu-aip==4.16.7
```

在 pip 命令前加叹号可以在 Python 中充当系统级命令。在该命令行中，4.16.7 是安装的 baidu-aip 库的版本号。安装结果如图 8.8 所示。

```
!pip install baidu-aip==4.16.7

Collecting baidu-aip==4.16.7
  Using cached baidu_aip-4.16.7-py3-none-any.whl (23 kB)
Requirement already satisfied: requests in d:\anaconda3\lib\site-packages (from baidu-aip==4.16.7) (2.25.1)
Requirement already satisfied: idna<3,>=2.5 in d:\anaconda3\lib\site-packages (from requests->baidu-aip==4.16.7)
(2.6)
Requirement already satisfied: urllib3<1.27,>=1.21.1 in d:\anaconda3\lib\site-packages (from requests->baidu-aip
==4.16.7) (1.22)
Requirement already satisfied: chardet<5,>=3.0.2 in d:\anaconda3\lib\site-packages (from requests->baidu-aip==4.
16.7) (3.0.4)
Requirement already satisfied: certifi>=2017.4.17 in d:\anaconda3\lib\site-packages (from requests->baidu-aip==
4.16.7) (2018.4.16)
Installing collected packages: baidu-aip
Successfully installed baidu-aip-4.16.7
```

图 8.8　安装 baidu-aip 库

（2）将 record.py 复制到与项目文件相同的路径下，如图 8.9 所示，用于在程序运行时进行录音。

图 8.9　将 record.py 复制到与项目文件相同的路径下

步骤 2：导入库函数

安装 baidu-aip 库后，下面导入需要的库函数。

```
from record import my_record
from aip import AipSpeech, AipNlp
```

（1）my_record：record.py 中定义的函数，用于录制标准音频。

（2）AipSpeech：百度语音的客户端，认证成功之后，客户端将被开启，调用客户端后用于语音识别。

（3）AipNlp：百度自然语言处理的客户端，认证成功之后，客户端将被开启，调用客户端后用于文本自动摘要。

步骤 3：创建客户端

使用百度 AI 开放平台实现语音识别和文本自动摘要，需要使用获取的百度 AI 云服务应用参数 AppID、API Key、Secret Key 来创建客户端，以实现相应功能。

（1）首先设定语音识别的 AI 云服务参数。

```
#使用百度语音识别的API信息
APP_ID = ' '
API_KEY = ' '
SECRET_KEY = ' '
```

（2）再设定文本自动摘要的 AI 云服务参数。

```
#使用百度文本自动摘要的API信息
APP_ID2 = ' '
API_KEY2 = ' '
SECRET_KEY2 = ' '
```

提示：此处的 APP_ID、API_KEY、SECRET_KEY 分别要与在百度 AI 开放平台上创建的语音识别应用和自然语言处理应用的 AppID、API Key、Secret Key 相对应。AppID 在控制台中创建，API Key 和 Secret Key 是在应用创建完成后，系统分配给用户的，均为字符串，用于标识用户，为访问做签名验证。

（3）创建客户端 client 和 client2，client 为语音识别的客户端，client2 为文本自动摘要的客户端。代码如下。

```
# 创建语音识别的客户端
client = AipSpeech(APP_ID, API_KEY, SECRET_KEY)
# 创建文本自动摘要的客户端
client2 = AipNlp(APP_ID2, API_KEY2, SECRET_KEY2)
```

在以上代码中，client 为语音识别的客户端，客户端创建成功后可以调用客户端中的相关函数来进行语音识别。client2 为文本自动摘要的客户端，客户端创建成功后可以调用客户端中的相关函数对自然语言数据自动进行摘要提取。

步骤 4：定义音频读取函数

录音后，需要读取录制的音频。定义音频读取函数用于读取音频数据，代码如下。

```
#定义读取音频文件的函数 get_file_content()
def get_file_content(filePath):
    with open(filePath, 'rb') as fp:        #使用 open() 函数打开音频文件
        return fp.read()             #一次性读取音频文件的全部内容
```

步骤 5：定义语音识别函数

定义语音识别函数用于对录制的音频进行语音识别，将音频转换文本，为后面的文本自动摘要做准备。代码如下。

```
#定义语音识别函数 recognition()
def recognition(audio_name):
    get = client.asr(get_file_content(audio_name),
                'wav', 16000,
                {'dev_pid': 1537})
    res = get['result'][0]
    return res
```

在 recognition() 函数的定义中，首先调用 get_file_content() 函数读取音频，然后调用语音识别客户端 client 的语音识别方法 asr()，对读取的音频数据进行语音识别。asr() 方法包含了若干个参数，其中，wav 表示音频文件的属性，16000 表示采样频率，'dev_pid':1537 表示将识别语言设置为普通话。最后将语音识别的结果赋值给 get。

为了便于理解，假设 get 的返回值如下。

```
{'corpus_no': '7155397284424865154',
 'err_msg': 'success.',
 'err_no': 0,
 'result': ['今天天气真好。'],
 'sn': '5183579466601665995755'}
```

从上面结果可以得到 get 的返回值是字典，其中，result 键对应的值为语音识别的结果。使用字典访问的方式，则 get['result'] 返回 ['今天天气真好。']，此时返回的结果为一个列表。要获取语音识别的结果"今天天气真好。"，使用列表索引访问的方式可以获取语音识别的结果，即 res = get['result'][0] 返回结果为"今天天气真好。"。

步骤 6：编写调用函数的逻辑

主函数是程序运行开始的地方，最能反映出一个程序具体在做什么。首先输入变量 txt 的值，根据变量 txt 的值判断以哪种方式输入新闻。本程序提供了 3 种输入方式：直接输入、读取 TXT 文件和语音输入。如果输入的变量 txt 的值为 W 或 w，则在控制台中直接输入新闻内容即可。如果输入的变量 txt 的值为 E 或 e，则读取 TXT 文件，程序会提示输入需要读取的文件的名字。注意，需要读取的文件必须放置在程序同一目录下才能正常读取。如果输入的变量 txt 的值为 R 或 r，则使用语音输入新闻，先提示输入录音的时长，然后开始录音，接着利用语音识别技术将语音信息转换为文字信息。获得新闻内容后，程序会提示输入最大摘要长度，利用自然语言处理技术提取新闻摘要，最终输出提取的结果。主函数的逻辑如图 8.10 所示。

以下为主函数的代码与解析。

```
while True:
    #输入变量 txt 的值
    txt = input('将开始摘要提取，按 w 键直接输入文本，按 e 键读取 TXT 文件，按 r 键
开始录音')
    #如果变量 txt 的值为 w 或 W，则直接输入新闻
    if txt == 'w' or txt == 'W':
```

```
        content = input('输入需要提取的新闻：')
    #如果变量 txt 的值为 e 或 E，则读取 txt 文件
    elif txt == 'e' or txt == 'E':
        filename=input('输入文件的名字：')
    #以 UTF-8 的编码方式打开名为 data.txt 的文件并起别名为 f
        with open(filename, encoding='utf-8') as f:
            #从文件中读取一整行字符串
            content = f.readlines()
    #如果变量 txt 的值为 r 或 R，则使用语音输入新闻
    elif txt == 'r' or txt == 'R':
        # 录音生成语音文件
        # 将录音文件命名为 auido.wav
        audio_name = 'auido.wav'
        print("开始录音…")
        TIME=int(input('输入录音的时长（秒）'))
        #调用 my_record() 函数
        my_record(audio_name,TIME)
        print("语音识别开始…")
        #利用语音识别技术将语音信息转换为文字信息
        content = recognition(audio_name)

    #定义一个字典
    options = {}
    #将字典的键设置为 title，值设置为"标题"
    options["title"] = "标题"
    maxSummaryLen = int(input("输入最大摘要长度"))
    print("新闻摘要开始…")
    #新闻摘要提取，3 个参数分别为新闻内容、最大摘要长度、新闻标题
    dialogue_rec = client.newsSummary(content, maxSummaryLen,
options)
    #打印输出结果
print(dialogue_rec)
```

其中，newsSummary()函数用来进行新闻摘要的提取，其中涉及 3 个重要参数，分别为新闻内容、最大摘要长度、新闻标题。新闻摘要接口的请求参数详情如表 8.3 所示。

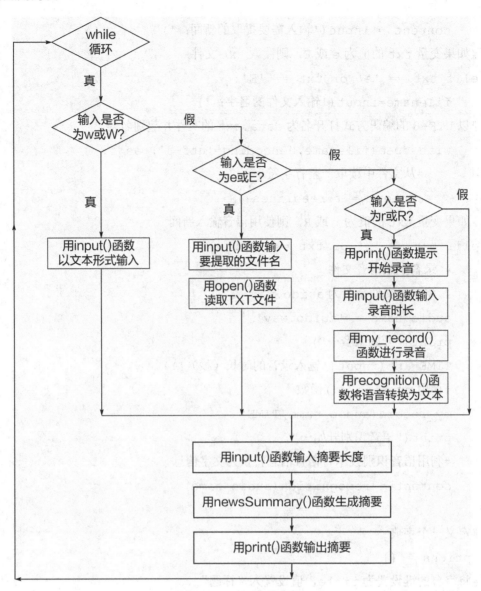

图 8.10　主函数的逻辑

表 8.3　新闻摘要接口的请求参数详情

参 数 名 称	是否必选	类型	说　明
content	是	string	字符串仅支持 GBK 编码，长度需小于 3000 个字符，如果字符数超过 3000，则返回错误。正文中如果包含段落信息，请使用\n 分隔，段落信息在算法中有重要的作用，请尽量保留
maxSummaryLen	是	integer	此数值将作为摘要结果的最大长度。例如，原文长度为 1000 字，将本参数设置为 150，则摘要的最大长度为 150 字。推荐最优区间为 200～500 字
options	否	string	字符串仅支持 GBK 编码，长度需小于 200 个字符，如果字符数超过 200，则返回错误。标题在算法中具有重要的作用，如果文章没有标题，则将输入参数的"标题"字段设置为空即可

任务 3

测试文本自动摘要程序

步骤 1：调试并运行编写的程序

调试以上程序，打开如图 8.11 所示窗口。

将开始摘要提取，按w键直接输入文本，按e键读取TXT文件，按r键开始录音	

图 8.11　程序运行窗口

步骤 2：对输入的对象进行摘要提取

以示例新闻为摘要提取对象，分别使用直接输入文本、读取 TXT 文件和语音输入 3 种方式，进行摘要提取并对比效果，并将相关数据记录到表 8.4 中，提出优化摘要建议。

表 8.4　摘要提取测试记录表

自动摘要识别对象	摘 要 长 度	摘要是否能概括核心大意	优 化 建 议
直接输入文本			
读取 TXT 文件			
语音输入			

注意： 在以 TXT 文件作为摘要识别对象时，可以将文件复制到项目目录下，如图 8.12 所示，输入完整的文件名，如图 8.13 所示，进行文本自动摘要。

图 8.12　将文件复制到项目目录下

将开始摘要提取，按w键直接输入文本，按e键读取TXT文件，按r键开始录音
输入文件的名字：　示例新闻.txt

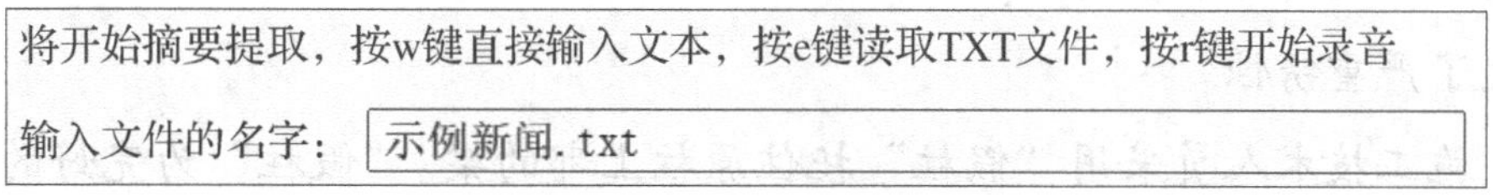

图 8.13　输入完整的文件名

示例新闻的内容如下。

古建筑中的"托梁换柱"

周乾《人民日报》（2023 年 07 月 08 日 07 版）

中国的很多古建筑能够屹立千年不倒，在人为保护因素外，其特殊的木架结构及榫卯连接方式起到重要作用，它们可以有效吸收、消耗外力震动带来的破坏，起到减震器的效果，这才出现了"墙倒屋不塌"的现象。

在古建筑中，一般选用粗壮、挺直、坚硬、耐腐的硬木来支撑和承担起整个房屋的架构和重量，俗称"顶梁柱"。在我国古建筑领域中，"梁""柱"均为重要受力构件。"横梁竖柱"可形容梁、柱的形状特点。

关于"梁""柱"的较早史料记载，可见《史记》卷三之"殷本纪第三"。"纣倒曳九牛，抚梁易柱也"，这句话的意思是，商朝纣王力大无穷，可以拽着九头牛，能够手托着梁换柱子。这句话说明"托梁换柱"修缮加固方法，至少在商朝时期就出现了。而我国古人在长期的建筑工程实践中，逐渐形成了较为系统的"托梁换柱"方法。

对于古建筑而言，位于地面之上的立柱，或因长期承受上部结构传来的重量而产生开裂残损，或因柱底部位长期受到地面潮气影响而出现糟朽残损，使得木柱强度下降，无法正常支撑梁，可采用"托梁换柱"的加固方法。

清代有"偷梁换柱"的记载。"偷梁换柱"实际就是"托梁换柱"。意思是，当房屋的某根原柱产生损坏需要更换时，为节省工料并没有对原柱进行原位替换，而是在原柱旁边设一根新柱，再撤去原柱，这种加固方式俗称为"托梁换柱"。

"托梁换柱"的加固技术在我国古建筑保护维修中得到了充分运用，其典型工程实例即为故宫太和殿某立柱的加固。故宫太和殿是我国现存体量最大、建筑等级最高的宫殿建筑，是明清举行国家重要礼仪活动的场所。2004 年，工程技术人员在对太和殿进行勘察时，发现有一根立柱的下部出现了糟朽问题。主要原因是立柱被砌筑在墙体内，柱子周边潮气长时间排不出去，造成柱子下部糟朽。施工技术人员采取了"托梁换柱"方法进行了加固。

具体过程分为四步：揭露、托梁、抽柱、换柱。这根立柱位于太和殿西北角，且被砌筑在墙体内。立柱的直径约为 1 米，由若干木料包镶在一起，再用铁箍约束成一个整体。施工人员揭去表皮砖层后，发现立柱下部 1/3 的位置出现了严重糟朽，且原有约束立柱的铁箍也产生了严重锈蚀。

随后，施工技术人员采用"假柱"托住原柱上部的梁。"假柱"为完好的木料，被安装在原有立柱附近，用于临时支撑梁。"假柱"顶面与梁底间增设一块面积较大的木板，以利于梁传来的重量均匀地传至木柱顶面。

第三步，把柱子底部糟朽部分抽去，剩余的部分做成巴掌形。底部伸出柱子直径 1/2 的截面、柱子直径 1.5 倍的长度，用作与新柱搭接。

最后一步，用新柱替换原柱的糟朽部分。新柱与被抽去的糟朽部分同材料、同形状、同尺寸。新柱与原柱的剩余部分搭接后，不仅仅在外观形成一个整体的立柱，而且在竖向形成一定长度的搭接面。在搭接长度范围内用铁箍箍牢立柱，有利于新柱、原柱共同发挥支撑作用。换柱后，再把"假柱"拆除，即完成了原有立柱的加固。

在古建筑领域中，"托梁换柱"作为用于残损木柱加固的科学方法，不仅加固效果好，而且对建筑稳定性影响小，是我国古代工匠建筑智慧的反映。

（作者单位：故宫博物院）

测一测

1．下列关于文本自动摘要的描述，不正确的是（　　）。

　　A．文本摘要早期是用人工方式生成的

　　B．文本自动摘要只能针对一篇文章

　　C．文本自动摘要依据语法、句法等信息进行关键信息分析

　　D．文本自动摘要可以分为单文档摘要与多文档摘要

2．依据摘要的生成方法，文本摘要可以分为（　　）。

　　A．单文档摘要与多文档摘要

　　B．文本自动摘要与文本人工摘要

　　C．抽取式摘要与生成式摘要

　　D．生成式摘要与半生成式摘要

3．下列哪项不是文本自动摘要的主要方法（　　）。

　　A．基于简单统计的方法

　　B．利用外部资源的方法

　　C．基于统计机器学习的方法

　　D．基于大数据自动生成的方法

　　E．基于神经网络的方法

4．（　　）需要提供参考摘要。

　　A．内部评价指标

　　B．外部评价指标

　　C．人工评价方法

　　D．自动评价方法

5. 为了解决人工评价摘要的缺点，出现了很多自动评价摘要的方法，以下哪个选项是自动评价摘要方法（　　）。

A．datacome   B．TF-IDF

C．ROUGE   D．Automatic Text Summarization

做一做

编写程序，定义一个循环结构，当输入 r 时进行录音，对录音内容进行语音转文本处理，再调用 newsSummary()函数自动生成摘要，当输入其他字母时退出程序。

一、项目目标

学习本项目后，将自己的掌握情况填入表 8.5，并对相应项目目标进行难度评估。评估方法：对相应项目目标后的☆进行涂色，难度系数范围为 1～5。

表 8.5　项目目标自测表

序　号	项 目 目 标	目标难度评估	是否掌握（自评）
1	了解文本自动摘要的概念	☆☆☆☆☆	
2	了解文本自动摘要的分类	☆☆☆☆☆	
3	了解文本自动摘要的主要方法	☆☆☆☆☆	
4	了解文本自动摘要的评价指标	☆☆☆☆☆	
5	掌握文本自动摘要函数的使用方法	☆☆☆☆☆	
6	能够调用平台的能力实现语音自动摘要	☆☆☆☆☆	

二、项目分析

通过学习文本自动摘要的相关知识，使用百度 AI 开放平台，通过语音识别和自然语言处理能力，实现对文本和语音的自动识别。请将项目具体实现步骤（简化）填入图 8.14 横线处。

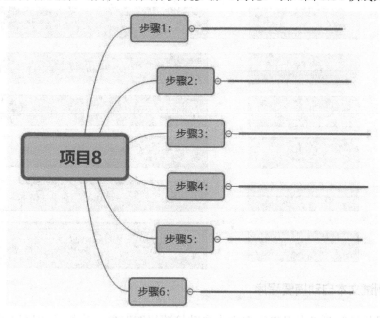

图 8.14　项目 8 具体实现步骤

三、知识抽测

请使用 TF-IDF 统计方法，根据四大名著中《西游记》师徒四人在该书中的出现次数，评估他们在《西游记》中的重要程度，并将相关内容填入表 8.6。

表 8.6   《西游记》主角 TF-IDF 统计

名　字	出　现　次　数	重要程度（"☆"越多表示越重要）
唐僧	1200	☆☆☆☆☆
孙悟空	3000	☆☆☆☆☆
猪八戒	1000	☆☆☆☆☆
沙和尚	800	☆☆☆☆☆

四、任务 1 创建应用

在任务 1 实施之前，同学们了解到可以调用百度 AI 开放平台上的哪两类接口来完成文本自动摘要？完成任务 1 后，请将利用相应接口创建的应用进行截图，粘贴到表 8.7 中。截图中要展示应用的关键信息。

表 8.7   创建应用截图

接口 1：_____	接口 2：_____

五、任务 2 编写文本自动摘要程序

请将编写文本自动摘要程序的步骤排序并填入〇中，然后对右侧的函数、方法或第三方库的功能进行简单介绍，最后将其与编写文本自动摘要程序的步骤进行连线。

〇 导入函数   导入baidu-aip库：_____

〇 定义音频读取函数   导入AipSpeech库：_____

〇 编写调用函数的逻辑   open()函数：_____

〇 定义语音识别函数   asr()方法：_____

〇 配置基础环境   用到了哪些分支、循环结构：_____

〇 创建客户端   获取百度AI云服务应用的AppID、API Key、Secret Key：_____

六、任务 3 测试文本自动摘要程序

以《2023 年国务院政府工作报告》文本为自动摘要提取对象，将相关数据记录到表 8.8 中，并提出优化摘要的建议。

表 8.8   自动摘要提取测试记录

自动摘要识别对象类型	摘　要　长　度	只要是否能够概括核心大意	优　化　建　议

项目 **9**

扫一扫，观看微课

地址识别：让端侧机器人能写

项目背景

　　人们的生活中离不开网上购物。在进行快递下单时，由于下单量大，地址各式各样等原因，造成平台识别地址信息不全等问题，导致快递发货和处理错误，造成严重的人员消耗。因此，如何提高快递下单的效率及保证用户填写地址时的体验，是目前迫切需要解决的问题。

　　随着人工智能的发展，自然语言处理在很多 App 中都有实际应用的场景，其中，地址识别是命名实体识别中的应用，是自然语言处理文本分类的应用之一，它能够解析并精准提取快递单据中的文本信息，从而标准、规范地输出结构化信息，包含姓名、电话、地址，帮助快递或电商企业提高单据处理效率。本项目将使用目前主流的 AI 开放平台，通过人工智能技术解决上述问题。

教学目标

（1）了解命名实体识别的概念。

（2）了解中文命名实体识别的发展。

（3）熟悉中文命名实体识别的应用场景。

（4）掌握中文命名实体识别的评价方法。

（5）能够理解中文命名实体识别程序的逻辑。

（6）掌握中文命名实体识别接口的调用方法。

项目分析

在本项目中，首先学习命名实体识别相关知识，具体知识准备思维导图如图 9.1 所示。借助百度 AI 开放平台进行语音识别，通过自然语言接口实现地址识别。具体分析如下。

（1）学习命名实体识别的概念及中文命名实体识别的过程和方法，了解中文命名实体识别。

（2）学习中文命名实体识别的性能评价方法。

（3）在百度 AI 开放平台上创建语音识别应用。

（4）创建语音识别、自然语言客户端，编写中文命名实体识别程序，实现中文命名实体识别。

（5）使用中文命名实体识别的评价方法，测试地址识别效果。

知识准备

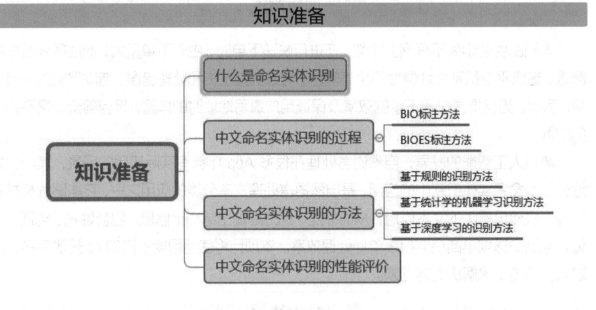

图 9.1　知识准备思维导图

知识点 1：什么是命名实体识别

命名实体识别（Named Entity Recognition，NER）又被称为"专名识别"，用于识别文本中具有特定意义的实体，其中，实体包括人名、地名、专有名词、机构名等。命名实体识别是自然语言处理中的一项基础的关键性任务，是信息提取、问答系统、句法分析、机器翻译的元数据标注等应用领域的重要基础工具。命名实体识别的任务是识别出待处理文本中三大类（实体类、时间类和数字类）、七小类（人名、机构名、地名、时间、日期、货币和百分比）命名实体。而地址识别是在命名实体识别的基础上的实际应用。

知识点 2：中文命名实体识别的过程

命名实体识别通常包括实体边界识别（实体标注）和确定实体类别两部分。确定实体类别，先识别单个实体，再识别复合实体。与英语相比，中文命名实体识别较复杂，与实体类别标注子任务相比，实体边界的识别更困难。中文命名实体识别的关键是解决序列标注问题，不同的数据集可能采用不同的实体标注方法，常见的标注方法有 BIO 和 BIOES。

1. BIO 标注方法

在 BIO（B-Begin，I-Inside，O-Outside）标注方法中，B 表示实体词的开始位置，I 表示实体词的非开始位置，O 表示非实体词。通常一个实体的具体表示为：B/I-XXX，其中 B/I 后面跟实体的类型，非实体用 O 表示。

例如，使用 BIO 标注方法标注"希捷机械硬盘 ST4000VX013"，其输入、输出序列如表 9.1 所示。

表 9.1　BIO 标注方法输入、输出序列

输入序列	希	捷	机	械	硬	盘	S	T	4	0	0	0	0	V	X	0	1	3
输出序列	B	I	B	I	B	I	O	O	O	O	O	O	O	O	O	O	O	O

2. BIOES 标注方法

BIOES 标注方法是对 BIO 方法的扩展。其中，B 表示实体开头，I 表示实体内部，O 表示非实体，E 表示实体结尾，S 表示该实体是由单个字构成的。当实体较密集，选择 BIOES 标注方法时，其识别准确性较高，但序列标注较复杂，导致其训练时间较长。在应用时，要根据实际情况选择合适的标注方法。

例如，使用 BIOES 标注方法标注"希捷机械硬盘 ST4000VX013"，其输入、输出序列如表 9.2 所示。

表 9.2　BIOES 标注方法输入、输出序列

输入序列	希	捷	机	械	硬	盘	S	T	4	0	0	0	0	V	X	0	1	3
输出序列	B	E	B	E	B	E	O	O	O	O	O	O	O	O	O	O	O	O

知识点 3：中文命名实体识别的方法

中文命名实体识别的方法的发展过程可以分为：基于规则的识别方法、基于统计学的机器学习识别方法（无监督学习方法）及基于深度学习的识别方法（基于特征的监督学习方法）。

1. 基于规则的识别方法

基于规则的识别方法是最早出现在中文命名实体识别中的方法，它是在已有的规则

体系之下构建的。基于规则的识别方法依赖大量的语言专家，以标点符号、关键字、关键词等为特征制定规则模板。随着技术的发展，采用次语言机制提出了一种新的中文人名识别方法。

2. 基于统计学的机器学习识别方法

21 世纪初，随着机器学习在中文自然语言处理领域中的崛起，对中文命名实体识别的研究也转向统计学与机器学习相结合的方法。该方法的主要思想是先将部分样本根据人为设定的特征做标记，再利用统计学算法和人为设定特征训练模型。

3. 基于深度学习的识别方法

目前，随着神经网络的迅速发展，基于深度学习的识别方法在人工智能的应用取得了重大的突破。其中，BiLSTM-CRF 的出现拉开了基于深度学习的识别的序幕，它的出现使模型更加简洁，健壮性更强，成为深度学习中解决命名实体识别问题的基线模型。基于深度学习的中文命名实体识别模型按照流程框架可以分为嵌入表示层、序列建模层、标签解码层。

3 种中文命名实体识别方法的代表技术及核心思想如表 9.3 所示。

表 9.3　3 种中文命名实体识别方法的代表技术及核心思想

名　　称	代　表　技　术	核　心　思　想
基于规则的识别方法	字典、规则	关注规则
基于统计学的机器学习识别方法	HMM、MEMM、ME、SVM、CRF	关注概率
基于深度学习的识别方法	BiLSTM-CNN-CRF、BERT-CNN-CRF	关注整体

简单地说，基于规则的识别方法依靠人工制定的规则，规则的设计一般基于句法、语法、词汇的模式，以及特定领域的知识。当词典的大小有限时，基于规则的识别方法可以达到较好的效果，特点是具有高精确率和低召回率。基于统计学的机器学习识别方法利用语义相似性进行聚类，从聚类得到的组中抽取命名实体，通过统计数据推断实体类别。基于深度学习的识别方法可以表示为多类任务或序列标注任务，从数据中进行学习。

知识点 4：中文命名实体识别的性能评价

基于评测标准，对命名实体识别中的数据定义如下：TP 表示在命名实体识别中识别出的正确的实体样本，即正确的样本；TN 表示在命名实体识别中识别出的错误的实体样本，即错误的样本；FP 表示在命名实体识别中识别出的正确的实体样本，但实际上是错误的实体样本；FN 实体在命名实体识别中识别出的错误的实体样本，但实际上是正确的实体样本。命名实体识别的评测指标主要有准确率、召回率和 F1 值，它们的定义及计算公式如下。

精准率：在命名实体识别中实际正确样本在预测正确样本中的占比。

$$P = \frac{TP}{TP + FP} \times 100\%$$

召回率：在命名实体识别中预测正确样本在实际正确样本中的占比。

$$R = \frac{TP}{TP + FN} \times 100\%$$

F1 值：计算精确率和召回率的调和平均数，即加权调和平均数。

$$F = \frac{(a^2 + 1)P \times R}{a^2(R + P)} \times 100\%$$

通常情况下取参数 a=1 时，即：

$$F = \frac{2 \times P \times R}{R + P} \times 100\%$$

一般在命名实体识别的结果中，如果精确率较高，则会导致召回率较低，如果召回率较高，则会导致准确率较低，因此，选择 F1 值作为调和标准。信息检索注重高准确率，但命名实体识别更注重高召回率。

项目实施：自然语言处理应用——地址识别

通过百度 AI 开放平台可以简单、快速地实现地址识别。先利用语音识别接口将语音信息转换为文字信息，再利用自然语言处理的地址识别接口进行地址信息的解析。项目的实施流程如图 9.2 所示。

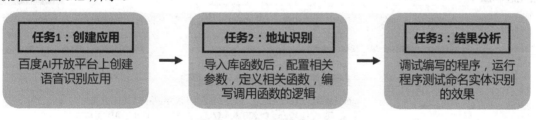

任务1：创建应用	任务2：地址识别	任务3：结果分析
百度AI开放平台上创建语音识别应用	导入库函数后，配置相关参数，定义相关函数，编写调用函数的逻辑	调试编写的程序，运行程序测试命名实体识别的效果

图 9.2 项目的实施流程

任务 1

创建应用

首先登录百度 AI 开放平台，然后使用百度 AI 开放平台创建语音识别应用，得到 API Key 和 Secret Key。

API Key 和 Secret Key 是调用百度 AI 开放平台接口的重要信息，具体含义可参考项目 1 的说明。下面主要对这两个信息的进行获取。注意，本项目需要获得两个不同的 API Key 和两个不同的 Secret Key。

步骤 1：登录百度 AI 开放平台

使用百度搜索引擎搜索"百度 AI 开放平台"，在搜索结果中找到目标链接并单击，进入百度 AI 开放平台官网，如图 9.3 所示。

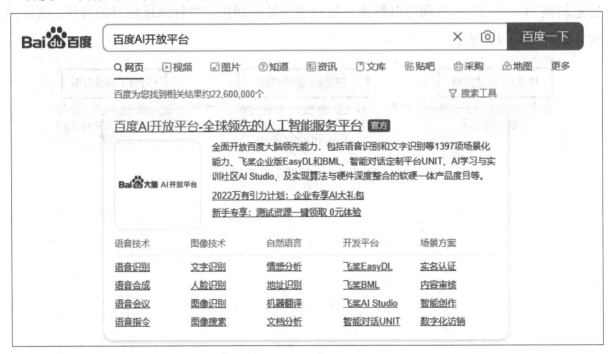

图 9.3　百度 AI 开放平台链接

选择"控制台"选项，登录百度 AI 开放平台，如图 9.4 所示。

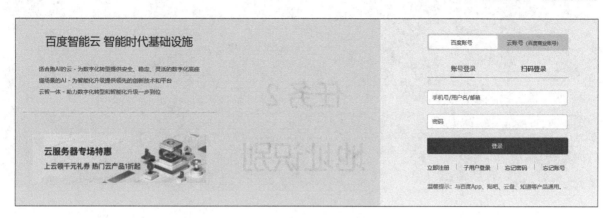

图 9.4　登录百度 AI 开放平台

步骤 2：创建语音识别应用

进入控制台，首先选择"产品服务"→"自然语言处理"选项，进入自然语言处理的"概览"页面。单击"创建应用"按钮创建自然语言处理应用，得到 AppID、API Key 和 Secret Key。

然后选择"产品服务"→"语音技术"选项，进入语音技术的"概览"页面。单击"创建应用"按钮创建语音识别应用，得到 AppID2、API Key2 和 Secret Key2，如图 9.5 所示。

记录 AppID、API Key、Secret Key、AppID2、API Key2 和 Secret Key2 的信息，用于后续接口的调用。

图 9.5　控制台

任务 2

地址识别

创建语音识别应用和自然语言处理应用后，接下来进行地址识别。首先导入需要用到的各个库函数，设置录制音频的相关参数，如采样率、采样声道数、采样点缓存数量和保存的音频格式等。然后编写主函数，利用多种方法获取地址信息，细化语音输入和语音识别的函数。用 pyaudio 库进行语音的录制，用 wave 库读写音频文件，利用百度 AI 的语音识别功能将音频转换为文字后进行地址识别，观察输出结果，具体流程如图 9.6 所示。

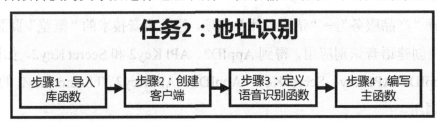

图 9.6　地址信息识别流程

步骤 1：导入库函数

导入代码中需要的各种库函数。

```
from aip import AipSpeech, AipNlp
from record import my_record
```

库函数如表 9.4 所示。

表 9.4　库函数

函 数 名	函数的作用
AipSpeech	将音频转换为文本
AipNlp	用于生成新闻摘要
my_record	用于录制标准音频

步骤 2：创建客户端

使用百度 AI 开放平台实现语音识别和地址识别，需要使用获取的百度 AI 云服务应用参数 AppID、API Key、Secret Key 来创建客户端，以实现相应功能。

（1）首先设定对话地址识别的 AI 云服务参数。

```
#填写任务 1 中自然语言处理应用的 AppID
APP_ID = ' '
#填写任务 1 中自然语言处理应用的 API Key
API_KEY = ' '
#填写任务 1 中自然语言处理应用的 Secret Key
SECRET_KEY = ' '
```

（2）再设定语音识别的 AI 云服务参数。

```
#填写任务 1 中语音识别应用的 AppID2
APP_ID2 = ' '
#填写任务 1 中语音识别应用的 API Key2
API_KEY2 = ' '
#填写任务 1 中语音识别应用的 Secret Key2
SECRET_KEY2 = ' '
```

（3）创建两个客户端 client、client2，client 为地址识别的客户端，client2 为语音识别的客户端。代码如下。

```
# 创建地址识别的客户端
client = AipNlp(APP_ID, API_KEY, SECRET_KEY)
# 创建语音识别的客户端
client2 = AipSpeech(APP_ID2, API_KEY2, SECRET_KEY2)
```

步骤 3：定义语音识别函数

首先定义音频读取函数，用于对录制的标准音频文件进行读取。代码如下。

```
#定义音频读取函数 get_file_content()
def get_file_content(filePath):
    with open(filePath, 'rb') as fp:        #使用 open() 函数打开音频文件
        return fp.read()            #一次性读取音频文件的全部内容
```

再定义语音识别函数，用于对录制的音频进行语音识别，将音频转换为文本，为后面的情感分析做准备。代码如下。

```
#定义语音识别函数 recognition()
def recognition(audio_name):
    get = client2.asr(get_file_content(audio_name),
                'wav', 16000,
                {'dev_pid': 1537})
    res = get['result'][0]
    return res
```

在 recognition()函数的定义中，首先调用 get_file_content()函数读取音频，然后调用语音识别客户端 client2 的语音识别方法 asr()，对读取的音频数据进行语音识别。asr()方法包含了若干个参数，其中，wav 表示音频文件的属性，16000 表示采样频率，dev_pid:1537 表示识别语言为普通话。最后将语音识别的结果赋值给 get。

步骤 4：编写主函数

主函数是程序运行开始的地方，最能反映出一个程序具体在做什么。首先输入变量 txt 的值，根据变量 txt 的值判断以哪种方式输入地址。本程序提供了 4 种输入方式：直接输入、读取 txt 文件、语音输入和读取音频文件。如果输入的变量 txt 的值为 W 或 w，则直接输入地址信息，在控制台输入地址信息等内容。如果变量 txt 的值为 E 或 e，则读取 TXT 文件，读取名为 data.txt 的文件内容。注意，data.txt 文件必须放置在程序同一目录下才能正常读取，程序仅提取了文件第一行的信息，所以应该将所有信息放在一行中。如果输入的变量 txt 的值为 R 或 r，则使用语音输入地址信息，程序将先开始录音，再利用语音识别技术将语音信息转换为文本。如果输入的变量 txt 的值为 t 或 T，则读取音频文件，读取名为 audio.wav 的文件内容。与 TXT 文件同理，必须将 WAV 文件放置在程序同一目录下才能正常读取。获得地址信息等内容后，利用自然语言处理技术将地址信息分离，最终输出地址所在的经度、纬度、省、市、镇、区县、详细地址、姓名和电话。主函数的流程如图 9.7 所示。

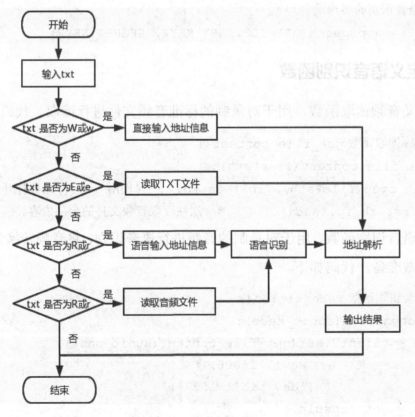

图 9.7　主函数的流程

以下为主函数的代码与解析。

```python
if __name__ == '__main__':

    txt = input('输入 w 开始输入地址，输入 e 读取 TXT 文件：输入 r 开始录音，输入 t
读取音频文件：')
    if txt == 'w' or txt =='W':
        text = input('输入地址信息：')
    elif txt == 'e' or txt =='E':
        with open('data.txt', encoding='gbk') as f:
            text = f.readlines()
            text = text[0]
    elif txt == 'r' or txt =='R':
        # 录音生成语音文件
        audio_name = 'auido.wav'
        print("开始录音…")
        my_record(audio_name)
        print("语音识别开始…")
        text = recognition(audio_name)
        print("语音识别结果: ", text)
    elif txt == 't' or txt == 'T':
        audio_name = 'auido.wav'
        print("语音识别开始…")
        text = recognition(audio_name)
        print("语音识别结果: ", text)
    # 解析地址
    print("解析地址开始…")
    dialogue_rec=client.address(text)
    print(dialogue_rec)
    print("纬度: ",dialogue_rec['lat'])
    print("经度: ",dialogue_rec['lng'])
    print("省: ",dialogue_rec['province'])
    print("市: ",dialogue_rec['city'])
    print("镇: ",dialogue_rec['town'])
    print("区县: ",dialogue_rec['county'])
    print("详细地址: ",dialogue_rec['detail'])
    print("姓名: ",dialogue_rec['person'])
    print("电话: ",dialogue_rec['phonenum'])
```

其中 my_record()函数为录制音频相关函数，通过地址函数 client.address()可以得到返回参数，如表 9.5 所示。表 9.5 中都是返回参数，完整的返回结果包括表 9.5 中的所有参

项目 6　地址识别：让端侧机器人能写

数，本项目中只提取了需要的地址参数。

表9.5　返回参数

参　　数	说　　明	描　　述
log_id	uint64	请求唯一标识码
text	string	原始输入的文本内容
province	string	省（直辖市/自治区）
province_code	string	省国标码
city	string	市
city_code	string	城市国标码
county	string	区（县）
county_code	string	区县国标码
town	string	街道（乡/镇）
town_code	string	街道/乡镇国标码
person	string	姓名
detail	string	详细地址
phonenum	string	电话号码
lat	float	纬度（百度坐标，仅供参考）
lng	float	经度（百度坐标，仅供参考）

利用 Python 的索引访问方式可以分别从返回的信息中提取出地址识别出的地址信息，如经度、纬度、省、市等。

任务 3

结果分析

该任务将对地址识别程序进行测试，下面准备了 10 条不同类型的地址数据，通过运行程序，分别对 10 条地址数据进行识别（人名与电话号码均为虚构）。地址信息如下。

张小九　　北京市大兴区天籁小区　　13451121145
吕四　　河北省唐山市天丰小区 2 号楼三单元 401　　17601635694
内蒙古自治区兴安盟科右中旗彩虹小区　　15601324455　　刘五
15611145245　　白帆　　河南省项城市家园小区 8 号楼 5 单元 101
13261147788　　广东省中山市仁嘉小区　　钱七
深圳市宝安区腾飞小区　　15462234869　　戴九
天津市东丽区武安小区　　李十　　14586789547
18917894561　　四川省成都市午后小区
重庆市大渡口区天天小区 5 号楼 801　　孟笑
辽宁省大连市连城小区　　17526495581　　柳元

运行程序，将结果填写在表 9.6 中，并按照性能评价指标计算精确度、召回率和 F1 值。

表 9.6　地址识别性能评价表

地　址	提 取 结 果	精 确 度	召 回 率	F1 值

测一测

1. 命名实体识别的简称为（　　　）。

　　A．NCE　　　　　　　　　　　　B．NER

　　C．NEC　　　　　　　　　　　　D．NRE

187

2．命名实体识别的任务是识别出待处理文本中三大类，即实体类，时间类和（　　）的命名实体。

    A．字母类   B．符号类

    C．数字类   D．其他

3．关于命名实体识别的过程描述正确的是（　　）。

    A．命名实体识别通常后进行实体边界识别

    B．命名实体识别通常先确定实体类别

    C．确定实体类别时先识别单个实体，再识别复合实体

    D．确定实体类别时先识别复合实体，再识别单个实体

4．基于特征的监督学习方法也被称为（　　）。

    A．无监督学习方法   B．基于规则的识别方法

    C．基于统计学的机器学习识别方法   D．基于深度学习的识别方法

5．操作计算机声卡录制音频时使用（　　）库函数。

    A．Pyaudio   B．recognition

    C．AipSpeech   D．AipNlp

做一做

5 位同学为一组，先分别记录 5 位同学的家庭住址，然后运行地址识别程序对每位同学的家庭地址进行识别，并将识别的结果填写到表 9.7 中，最后计算地址识别的准确率。

表 9.7　地址识别结果

序　号	家 庭 地 址	地址识别结果
1		
2		
3		
4		
5		

一、项目目标

学习本项目后，将自己的掌握情况填入表9.8，并对相应项目目标进行难度评估。评估方法：对相应项目目标后的☆进行涂色，难度系数范围为1～5。

表 9.8　项目目标自测表

序　　号	项　目　目　标	目标难度评估	是否掌握（自评）
1	了解命名实体识别的概念	☆☆☆☆☆	
2	了解中文命名实体识别的发展	☆☆☆☆☆	
3	熟悉中文命名实体识别的应用场景	☆☆☆☆☆	
4	掌握中文命名实体识别的评价方法	☆☆☆☆☆	
5	能够理解中文命名实体识别程序的逻辑	☆☆☆☆☆	
6	掌握中文命名实体识别接口的调用方法	☆☆☆☆☆	

二、项目分析

通过学习地址识别相关知识，使用百度AI开放平台，对输入语音的识别和对其情感进行分析。请将项目具体实现步骤（简化）填入图9.8横线处。

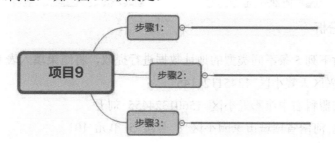

图 9.8　项目 9 具体实现步骤

三、知识抽测

1．判断对错。

命名实体识别的任务是识别出待处理文本中三大类（实体类、时间类和数字类）、七小类（人名、机构名、地名、时间、日期、货币和百分比）命名实体。而地址识别是在命名实体识别的基础上的实际应用。

2．请判断图9.9属于哪种实体标注方法。

输入序列	希	捷	机	械	硬	盘	S	T	4	0	0	0	0	V	X	0	1	3
输出序列	B	E	B	E	B	E	O	O	O	O	O	O	O	O	O	O	O	O

图 9.9　实体标注示例

3．请画出中文命名实体识别的发展过程。

4. 请简述选择 F1 值作为调和标准的原因。

四、任务 1 创建应用

判断地址识别属于百度 AI 平台的哪个模块，并回顾 API Key、Secret Key 的作用。

五、任务 2 地址信息识别

将地址识别分析的步骤进行排序并填入○中，将对应操作与步骤连线。

六、任务 3 结果分析

运行程序，分别对下列 5 条不同类型的地址数据进行提取，将结果填入表 9.9。

张小九 北京市大兴区天籁小区 13451121145

内蒙古自治区兴安盟科右中旗彩虹小区 15601324455 刘五

15611145245 白帆 河南省项城市家园小区 8 号楼 5 单元 101

深圳市宝安区腾飞小区 15462234869 戴九

天津市东丽区武安小区 李十 1458678954718917894561 四川省成都市午后小区

表 9.9 地址识别性能评价表

地　　址	提 取 结 果	精　确　度	召　回　率	F1 值

第三篇　综合智能语音应用

本篇主要是智能对话机器人的实现，共两个项目。通过对前两篇的学习，读者已经掌握了实现智能对话机器人的核心方法。本篇主要通过对非任务型智能对话机器人及任务型智能对话机器人的讲解，使读者充分了解智能对话机器人的实现方法，借助目前流行的机器人开发平台，实现智能对话机器人的搭建。

项目 **10**

扫一扫，观看微课

漫谈对话：让智能机器人对话

项目背景

　　随着人工智能技术的发展，人类对智能化服务变得更加渴望，智能对话机器人成为研发热门之一。智能对话机器人是一种计算机程序，它能够像人类一样自动发送消息，利用语音识别技术将音频信息转换为文本信息，再通过语音合成技术来模拟对话，还可以理解用户发送消息的意图并提供预定义的回复。

　　目前，智能对话机器人的应用非常广泛，可以替代人类完成大量烦琐的重复性工作。比如将智能对话机器人应用于客服领域，可以将人工客服解放出来，这样，人工客服就可以转向更有价值、更加灵活的工作中。本项目将使用机器人开发平台实现机器人之间的语音智能对话。

教学目标

（1）了解智能对话机器人的概念。

（2）了解非任务型智能对话机器人的概念。

（3）了解非任务型智能对话机器人的架构。

（4）了解非任务型智能对话机器人开源系统。

（5）掌握青云客智能聊天机器人 API 接口的调用方法。

（6）掌握思知对话机器人 API 接口的调用方法。

（7）掌握实现智能对话机器人之间对话的方法。

项目分析

本项目首先介绍智能对话机器人的相关理论知识，具体知识准备思维导图如图 10.1 所示。然后学习调用非任务型智能对话机器人开发平台 API 接口的方法。最后实现两个智能对话机器人之间的对话。具体的项目分析如下。

（1）查看青云客智能聊天机器人的 API 接口信息，使用 GET 网络实现 API 的调用。

（2）查看思知对话机器人的 API 接口信息，使用 GET 网络实现 API 的调用。

（3）给定话题，使两个智能对话机器人进行对话。

知识准备

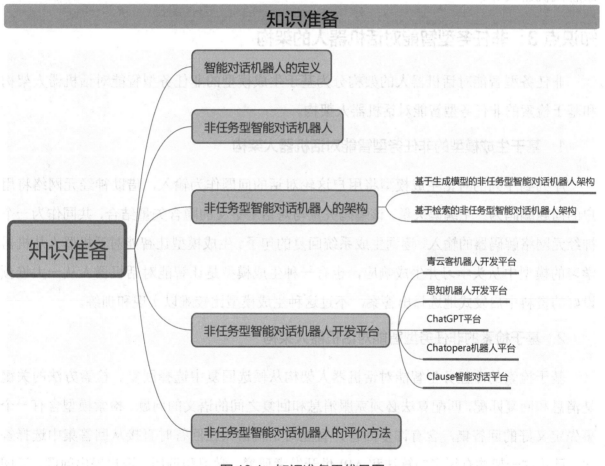

图 10.1　知识准备思维导图

知识点 1：智能对话机器人的定义

智能对话机器人又被称为智能对话系统，早在 1950 年，图灵提出了著名的"图灵测试"，开启了人类对智能对话机器人的探索之旅。智能对话机器人是通过自然语言处理来仿真人类对话的程序，其本身可以被视为一种计算机程序，只是呈现方式采用文字或语音。在一般情况下，智能对话机器人借助特定平台运行，使用者可以向智能对话机器人询问问题或发出命令，智能对话机器人会做出相应回答或执行命令。智能对话机器人根据应用场景可以分为非任务型智能对话机器人和任务型智能对话机器人。

知识点 2：非任务型智能对话机器人

非任务型智能对话机器人主要是以回答开放域问题为主的聊天机器人，用户和机器人之间可以进行自由对话。这种类型的智能对话机器人能够完成多项任务，同时具备幽默感、友好度等社会性。非任务型智能对话机器人多应用于娱乐、情感陪护等场景，比如娱乐聊天机器人等。

知识点 3：非任务型智能对话机器人的架构

非任务型智能对话机器人的架构分为基于生成模型的非任务型智能对话机器人架构和基于检索的非任务型智能对话机器人架构。

1. 基于生成模型的非任务型智能对话机器人架构

序列到序列的对话生成模型将用户这轮对话的问题作为输入，借助神经元网络将用户的问题编码为一个编码矢量，该编码矢量与对话上下文的隐含矢量结合，共同作为一个神经元网络解码器的输入，逐词生成系统回复的句子。生成模型让智能对话机器人从机器学习的模型中从头学习并生成响应，也有一种生成模型是让智能对话机器人从一大堆预设好的资料中启发式地选择出答案，不过这种生成模型比较难以实现和训练。

2. 基于检索的非任务型智能对话机器人架构

基于检索的非任务型智能对话机器人架构从候选回复中选择回复。检索方法的关键是消息和回复匹配，匹配算法必须克服消息和回复之间的语义的问题。检索模型含有一个事先定义好的回答集，含有许多回答，智能对话机器人在回答时直接从回答集中选择答案。目前这一架构有很多的算法和 API 供开发者研究、学习和调用。用户提出问题，意图提取功能就会分析出很多个可能的结果，这些结果具有随机性，供用户挑选。以此通过反复多次的模型训练和喜好选择，再加上机器人可以分析历史聊天记录中的一些相关指标，如问题频率、长度、时间等，最后通过自然学习的方式响应用户。基于检索的非任务型智能对话机器人架构如图 10.2 所示。

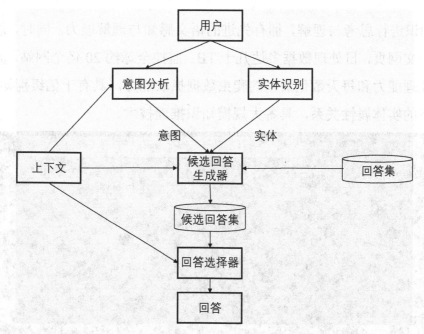

图 10.2　基于检索的非任务型智能对话机器人架构

知识点 4：非任务型智能对话机器人开发平台

1. 青云客机器人开发平台

青云客机器人开发平台首页如图 10.3 所示。该平台具有独特而富有趣味性的聊天对话，是免费的智能对话机器人开发平台。青云客机器人开发平台使用领先的中文分词技术，具有强大的本地语言库，只要简单调用平台提供的 API，就能进行自然语言处理。同时，该平台还在不断增加新的服务，如查询天气、域名等。使用者可以根据自身情况制定完善机器人的知识库，以完成智能客服工作。

图 10.3　青云客机器人开发平台首页

2. 思知机器人开发平台

思知机器人开发平台首页如图 10.4 所示。该平台采用知识图谱的语义感知与理解，致力于打造最强认知大脑。思知搜索是新一代的认知搜索引擎，思知机器人通过学习互联网数据，对知识进行思考与理解，拥有先进的语义感知与理解能力。同时，思知机器人集成了百亿级中文网页，日处理数据多达几十 TB。监控全球约 20 亿个网站，具有每天百亿级别的数据处理能力和每天数亿级别的爬虫数据抓取能力。具有千亿级别知识图谱数据，大数据支撑下的实体属性关系，具备大规模知识推理技术。

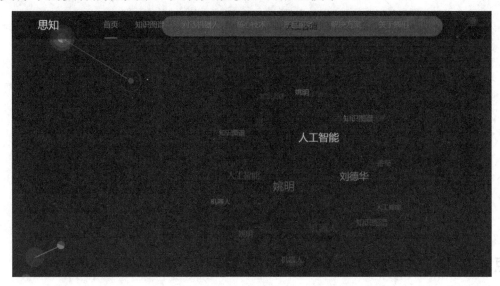

图 10.4　思知机器人开发平台首页

3. ChatGPT 平台

ChatGPT 平台是美国人工智能研究实验室 OpenAI 推出的一个自然语言处理工具，其首页如图 10.5 所示。该平台基于 Transformer 神经网络架构及 GPT-3.5 架构，处理序列数据。同时，ChaGPT 拥有语言理解和文本生成能力，在训练模型时通过连接大量的语料库，使用的语料库有许多真实世界中的对话，让 ChatGPT 具备更加丰富的知识资源。ChatGPT 还能让智能对话机器人拥有根据聊天的上下文进行互动的能力。ChatGPT 不仅使机器人可以聊天，还能使机器人撰写邮件、视频脚本、文案、代码等。

图 10.5　ChatGPT 平台首页

4. Chatopera 机器人平台

Chatopera 机器人平台首页如图 10.6 所示，该平台包括知识库、多轮对话、意图识别和语音识别等模块，支持企业 OA 智能问答、HR 智能问答、智能客服和网络营销等场景。Chatopera 机器人平台提供制作低代码智能对话机器人的工具。在 Chatopera 机器人平台，使用者通过用户指南，可以制作满足各种需求的聊天机器人。同时，Chatopera 机器人平台融合多种实现智能对话机器人的方法，且支持制定多轮对话，满足使用者的开发需求，实时管理对话内容。此外，Chatopera 机器人平台拥有聊天历史管理、聚类分析和语音识别等模块，这些服务都是紧紧围绕智能对话机器人的上线展开的。

图 10.6 Chatopera 智能对话平台首页

5. Clause 智能对话平台

Clause 智能对话平台首页如图 10.7 所示。Clause 智能对话平台为实现企业聊天机器人提供强大的大脑，包括客服、智能问答和自动流程服务。Clause 智能对话平台利用深度学习、自然语言处理和搜索引擎技术，让聊天机器人更理解人。

图 10.7 Clause 智能对话平台首页

知识点 5：非任务型智能对话机器人的评价方法

由于非任务型智能对话机器人应用环境等因素的影响，其评价指标主要是回复内容和回复情感方面的评价，因此采用人工评价的方式更加贴近生活使用标准。其评分标准如表 10.1 所示。

表 10.1　非任务型智能对话机器人评分标准

类　　别	评 价 标 准	分　　值
回复内容	回复语句语法正确，且与用户输入内容相关	1～2
	回复语句正确，回复内容通用	0～1
	回复语句存在语法错误	0
附带情感	回复语句的情感与指定情感类别一致	0～1
	回复语句的情感与指定情感类别不一致	0

项目实施

通过调用智能对话机器人平台的 API 接口，可以方便、快速地实现机器人的智能对话。本项目首先使用青云客智能对话机器人和思知智能对话机器人来实现智能对话，然后使两个智能对话机器人进行对话。项目的实施流程如图 10.8 所示。

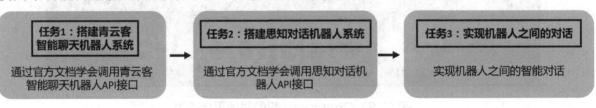

图 10.8　项目的实施流程

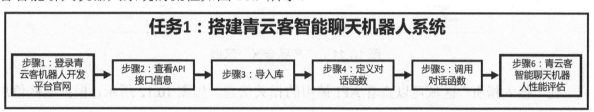

任务1

搭建青云客智能聊天机器人系统

本项目将调用青云客智能聊天机器人和思知对话机器人的API接口来实现智能对话，这两个平台完全免费，操作简单，不需要额外的设置，直接调用API接口即可。搭建青云客智能聊天机器人系统的流程如图10.9所示。

任务1：搭建青云客智能聊天机器人系统

步骤1：登录青云客机器人开发平台官网 → 步骤2：查看API接口信息 → 步骤3：导入库 → 步骤4：定义对话函数 → 步骤5：调用对话函数 → 步骤6：青云客智能聊天机器人性能评估

图10.9 搭建青云客智能聊天机器人系统的流程

步骤1：登录青云客机器人开发平台官网

使用百度搜索引擎搜索"青云客智能聊天机器人 API"，在搜索结果中找到目标链接并单击，进入青云客机器人开发平台官网。该平台不需要注册和登录，可以直接与机器人进行智能对话，如图10.10所示。

图10.10 青云客机器人开发平台官网

在"产品专区"区域可以查看聊天机器人包含的所有的功能，如图 10.11 所示，在进行对话时可以调用这些功能。

图 10.11　"产品专区"区域

在"接入指引"区域可以查看 API 调用的相关信息，如图 10.12 所示，根据这些信息可以利用 Python 调用 API，获取智能对话的结果。

图 10.12　"接入指引"区域

步骤 2：查看 API 接口信息

通过"接入指引"区域的信息，可以看到青云客智能聊天机器人的请求地址，请求方式为 GET，字符的编码方式为 UTF-8。请求示例的参数如表 10.2 所示。

表 10.2　请求示例的参数

参　　数	示　　例	说　　明
key	free	必需，固定值
appid	0	可选，0 表示智能识别
msg	你好	必需，关键词，提交前请先使用 urlencode()函数处理

由表 10.2 可以看到，msg 表示对话的内容，即只需要改变 msg 的内容即可进行机器人的对话。由请求示例可以看到机器人的请求 URL 由两部分组成：请求地址和参数。使用 GET 请求该 URL 就可以获取对话的输出结果。

返回结果比较简单，为字典{"result":0,"content":"你好，我就开心了"}，如果需要提取机器人的回答输出，使用 Python 访问字典中的 content 键就可以获取对应的值，即机器人的输出。

下面将使用 Python 来完成青云客智能聊天机器人 API 的调用。

步骤 3：导入库

根据"接入指引"区域的信息，需要使用 GET 的请求方式，msg 需要使用 urlencode() 函数处理，首先需要导入相关的库。

```
import requests
import urllib
```

（1）requests：用于进行 GET 请求。

（2）urllib：用于对关键词进行处理。

步骤 4：定义对话函数

定义对话函数，用于机器人的智能对话。将函数名设置为 robot_1，函数的参数为 msg。具体代码如下。

```
def robot_1(msg):
    data = urllib.parse.quote(msg)
    url = 'http://api.qingyunke.com/api.php?key=free&appid=0&msg={}'.format(data)
    html = requests.get(url)
    return html.json()["content"]
```

由文档可知，需要使用 urlencode() 函数对 msg 进行编码处理。首先调用 urllib 对 msg 进行编码处理，将中文转换为符合计算机标准的编码格式。由请求示例可以得知，机器人的请求 URL 由请求地址和参数组成，其中，key 是必需的，且固定值为 free，msg 表示关键词。先使用 Python 中的 format() 函数将符合计算机标准的编码格式传入 url 的 msg。然后使用 GET 请求得到机器人的输出 html，调用 html.json() 函数将机器人的输出转换为字典形式。最后利用字典的访问方式，访问 content 键即可提取机器人的输出结果。

步骤5：调用对话函数

调用对话函数进行机器人对话测试，具体代码如下。

```
msg = '你好'
print("原话：", msg)
res = robot_1(msg)
print("机器人：", res)
```

首先传入关键词 msg，然后调用定义好的对话函数得到输出的结果 res，测试结果如下。

```
原话：  你好
机器人： *^_^*好好好~
```

需要注意的是，智能对话机器人使用的是人工智能技术，所以每次的输出结果并不完全一致，智能对话机器人会对同一个提问有不同的表达方式。

步骤6：青云客智能聊天机器人性能评估

青云客智能聊天机器人内置了多种功能，当成功调用青云客智能聊天机器人的 API 接口后，用户就可以与青云客智能聊天机器人进行闲聊，或进行歌词搜索、中英文互译、数学计算等。下面将从闲聊、中英文互译、数学计算这3个方面对青云客智能聊天机器人进行评估。

对于不同领域提出不同的问题，将提出的问题和机器人的回答记录在表格对应的位置，然后使用知识准备部分学习的评价指标对机器人的回答进行打分，并记录得分。性能评估表如表 10.3 所示。

表 10.3　性能评估表

主　题	提　问	机器人回答	评　价　得　分
闲聊			
中英文互译			
数学计算			

任务2

搭建思知对话机器人系统

调用思知对话机器人 API 接口的方法和调用青云客智能聊天机器人 API 接口的方法类似,搭建思知对话机器人系统的流程如图 10.13 所示,同样根据官方文档的说明可以很方便地调用思知对话机器人 API。

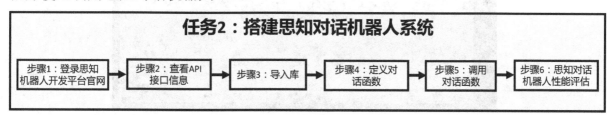

任务2：搭建思知对话机器人系统

步骤1：登录思知机器人开发平台官网 → 步骤2：查看API接口信息 → 步骤3：导入库 → 步骤4：定义对话函数 → 步骤5：调用对话函数 → 步骤6：思知对话机器人性能评估

图 10.13· 搭建思知对话机器人系统的流程

步骤 1：登录思知机器人开发平台官网

使用百度搜索引擎搜索"思知机器人",在搜索结果中找到目标链接并单击,进入思知机器人开发平台官网,如图 10.14 所示。该平台不需要注册和登录,可以直接与机器人进行智能对话。

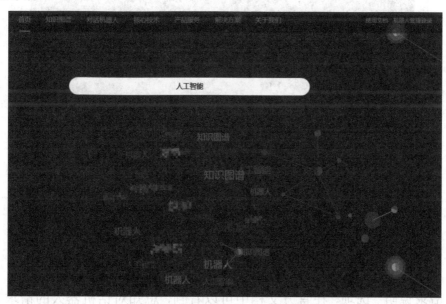

图 10.14　思知机器人开发平台官网

选择"对话机器人"选项，打开"对话机器人"页面，可以体验思知对话机器人，如图 10.15 所示。

图 10.15 "对话机器人"页面

步骤 2：查看 API 接口信息

查询官方文档，学会调用思知对话机器人的 API 接口。选择"使用文档"选项，如图 10.16 所示，页面跳转到官方文档页面。

图 10.16 选择"使用文档"选项

选择"请求说明"选项，在官方文档中可以看到，思知对话机器人的请求方式有 GET 和 POST 两种。GET 请求和 POST 请求是 HTTP 协议中的两种请求方式，通过 Python 中的 requests 库可以很方便地利用这两种请求方式获取信息。

> HTTP 是从万维网服务器传输超文本到本地浏览器的传送协议，它可以使浏览器更加高效，减少网络传输。在浏览器的地址栏中输入的网页地址叫作 URL，就像每家每户都有一个门牌地址一样，每个网页都有一个网络地址。当在浏览器的地址栏中输入一个 URL 或单击一个超级链接时，URL 就确定了要浏览的网页。浏览器通过超文本传输协议，将 Web 服务器上站点的网页代码提取出来，并翻译成漂亮的网页。

思知对话机器人请求 URL 由两部分组成：请求地址和请求参数。其中，思知对话机器人的请求地址为 https://api.ownthink.com/bot，请求参数如表 10.4 所示。

表 10.4　请求参数

参　　数	类　　型	是 否 必 填	描　　述
spoken	string	是	请求的文本
appid	string	否	机器人的 AppID，填写可使用自己的机器人
userid	string	否	自己管理的用户 ID，填写可进行上下文对话

通过请求 URL 获取服务器中的输出，通过访问服务器的输出可以提取想要的信息。思知对话机器人的返回示例如下。

```
{
    "message": "success",              // 请求是否成功
    "data": {
        "type": 5000,                  // 答案类型，5000 文本类型
        "info": {
            "text": "姚明的身高是 226 厘米"   // 机器人返回的答案
        }
    }
}
```

各参数的含义如表 10.5 所示。

表 10.5　各参数的含义

参　　数	类　　型	含　　义
message	string	success 表示请求正确，error 表示请求错误
data	object	返回的数据
type	int	返回的答案的数据类型，5000 表示正确返回文本类型的答案
info	object	返回的信息体
text	string	返回的答案

由机器人的返回示例可以看到，返回结果是一个包含了多个结构的字典。首先通过 Python 访问字典中的 data 键获取对应的值，返回的值同样是一个字典。再次访问字典中的 info 键获取机器人的输出结果。

下面将使用 Python 来完成思知对话机器人 API 的调用。

步骤 3：导入库

思知对话机器人可以使用 GET 和 POST 两种方式进行访问。当使用 GET 的方式进行访问时，与任务 1 的访问方式一样，需要使用 urlencode() 函数对 msg 进行编码处理。当使用 POST 的方式进行访问时，调用 requests 库中的 post() 函数进行访问，设置访问请求地址和请求参数。首先导入相关的库。

```
import requests
import urllib
```

（1）requests：用于进行 GET 请求。

（2）urllib：用于对关键词进行编码处理

步骤 4：定义对话函数

本步骤将分别使用 GET 和 POST 两种访问方式进行对话函数的定义。在实现思知对话机器人时，使用一种访问方式进行对话函数的定义就可以了。

使用 GET 访问方式定义对话函数用于机器人的智能对话。将函数名设置为 robot_2，函数的参数为关键词 msg。具体代码如下。

```
def robot_2(msg):
    data = urllib.parse.quote(msg)
    url = 'https://api.ownthink.com/bot?appid=xiaosi&userid=user&spoken={}'.
format(data)
    html = requests.get(url)
return html.json()['data']['info']['text']
```

首先调用 urllib 对 msg 进行编码处理，将中文转换为符合计算机标准的编码格式。由请求示例可以得知，机器人的请求 URL 由请求地址和参数组成。其中，appid 为可选参数，这里使用默认即可。userid 为可选参数，这里使用默认即可。spoken 是必需的，表示读取的文本。使用 Python 中的 format() 函数将符合计算机标准的编码格式传入 url 的 spoken。然后使用 GET 请求得到机器人的输出 html，调用 html.json() 函数将机器人的输出转换为字典形式。最后利用字典的访问方式提取机器人的输出结果。

使用 POST 访问方式定义函数用于机器人的智能对话。将函数名设置为 robot_2，函数的参数为关键词 msg。具体的实现代码如下。

```
def robot_2(msg):
    html = requests.post(url='https://api.ownthink.com/bot',
                    data={
                        "spoken": msg,
                        "appid": "xiaosi",
                        "userid": "user"
                    })
    result = html.json()['data']['info']['text']
    return result
```

调用 requests 库中的 post()函数访问机器人的输出，post()函数的部分参数如表 10.6 所示。

表 10.6　post()函数的部分参数

参　　数	描　　述
url	必需。请求的网址
data	可选。字典、元组列表、字节或要发送到指定 URL 的文件对象

先使用 POST 请求获取输出 html，再根据机器人的返回结果，以同样的方法，使用 Python 字典的访问方式获取机器人的输出。

步骤 5：调用对话函数

调用对话函数进行机器人对话测试。具体代码如下。

```
msg = '你好'
print("原话: ", msg)
res = robot_2(msg)
print("机器人: ", res)
```

首先传入关键词 msg，然后调用对话函数得到输出的结果 res，测试结果如下。

```
原话:  你好
机器人:  你也好啊
```

步骤 6：思知对话机器人性能评估

对于思知对话机器人，主要在闲聊领域对其进行测试。先在闲聊领域提出不同的问题，然后将提出的问题和机器人的回答记录在表格的对应位置，最后使用知识准备部分学习的评价指标对机器人的回答进行打分，并记录得分。性能评估表如表 10.7 所示。

表 10.7　性能评估表

主　题	提　问	机器人回答	评 价 得 分
闲聊			

任务3

实现智能对话机器人之间的对话

学会了调用两个智能对话机器人开发平台的 API 接口，下面将编写 Python 程序，实现两个智能对话机器人之间的对话。首先给定一个话题，青云客智能聊天机器人接收话题并输出回答，然后思知对话机器人接收来自青云客智能聊天机器人的输出作为输入，并输出回答。不断重复这个过程，实现智能对话机器人之间的对话。本任务的流程如图 10.17 所示。

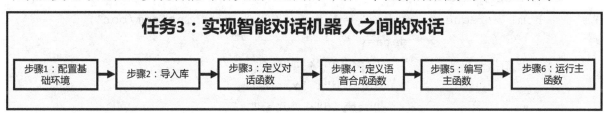

图 10.17　实现智能对话机器人之间的对话的流程

步骤 1：配置基础环境

该项目需要进行语音合成，所以需要安装 pyttsx3 库。在 jupyter notebook 中输入下面的命令安装 pyttsx3 库。

```
!pip install pyttsx3
```

步骤 2：导入库

导入本任务需要的所有 Python 库，导入的库如下。

```
import pyttsx3
import requests
import urllib
from time import sleep
```

（1）pyttsx3：用于实现语音合成。

（2）requests：用于进行 GET 请求。

（3）urllib：用于对关键词进行编码处理。

（4）time：用于设置机器人的停顿时间。

步骤 3：定义对话函数

在前面的任务 1 和任务 2 实现了对两个智能对话机器人 API 的调用。本步骤直接调用前面任务中实现的函数。使用 GET 方式访问青云客智能聊天机器人，使用 POST 方式访问思知对话机器人。代码如下。

```python
#青云客智能聊天机器人
def robot_1(msg):
    data = urllib.parse.quote(msg)
    url = 'http://api.qingyunke.com/api.php?key=free&appid=0&msg={}'.
format(data)
    html = requests.get(url)
    return html.json()["content"]
#思知对话机器人
def robot_2(msg):
    html = requests.post(url='https://api.ownthink.com/bot',
                    data={
                        "spoken": msg,
                        "appid": "xiaosi",
                        "userid": "user"
                    })
    result = html.json()['data']['info']['text']
    return result
```

步骤 4：定义语音合成函数

本步骤将使用 pyttsx3 库来实现语音合成。pyttsx3 库是 Python 中的文本到语音转换库，使用起来非常简单。

导入 pyttsx3 库后，调用 speak()函数即可进行语音播放。例如：

```python
import pyttsx3
#语音播放
pyttsx3.speak("How are you?")
pyttsx3.speak("I am fine, thank you")
```

同时，可以调用 pyttsx3 库的 setProperty()函数改变语音合成的语速、音量、语音合成器等。例如：

```python
import pyttsx3
engine = pyttsx3.init()    #初始化语音引擎
engine.setProperty('rate', 100)    #设置语速
engine.setProperty('volume',0.6)    #设置音量
engine.setProperty('voice','zh')    #设置语音合成器
```

设置 pyttsx3 库的各种参数，首先需要调用 init()函数对语音引擎进行初始化操作。然后调用 setProperty()函数对各参数进行设置，如将语速设置为100，音量设置为0.6，语音合成器设置为中文。在实际使用过程中可以通过设置这些参数得到满意的语音合成效果。

在了解了 pyttsx3 库的基本使用方法后，下面将使用 pyttsx3 库来定义语音合成函数，使机器人的输出使用语音的形式。具体代码如下。

```python
def speak(content):
    engine = pyttsx3.init()
    engine.setProperty('voice','zh')  #将语音设置为中文
    engine.say(content)  #开始发音
    engine.runAndWait()  #等待发音结束
```

首先调用 init()函数初始化语音引擎，使用默认的语速和音量。然后调用 setProperty()函数将语音设置为中文，调用 say()函数开始发音。最后调用 runAndWait()函数等待发音结束。

步骤 5：编写主函数

接下来将利用上面步骤定义的函数来编写主函数。首先给定一个话题，同时设置对话轮数（超过对话的轮数则停止对话），规定两个机器人各输出一次结果为一轮。使用循环从第1轮对话开始，将话题作为输入传入青云客机器人，得到输出的结果。此时将得到的输出作为输入传入思知机器人，得到输出的结果。两个机器人各输出一次结果就完成了一轮对话，并在原来轮数的基础上加1，直到轮数超过设定的对话轮数。主函数的流程如图 10.18 所示。

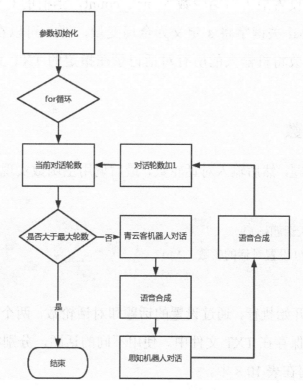

图 10.18　主函数的流程

（右侧竖排）项目 10　漫谈对话：让智能机器人对话

主函数的代码如下。

```python
def run(max_count):
    count = 0
    global s
    with open('%s.txt'%s,'a',encoding='utf-8') as file:
        while 1:
            if count < max_count:
                #开始发送请求
                result_1 = robot_1(s)
                sleep(1)
                speak(result_1)
                file.write('1号:'+result_1+'\n')
                result_2 = robot_2(result_1)
                sleep(1)
                speak(result_2)
                file.write('2号:'+result_2+'\n')
                count += 1
                s = result_2
            else:
                break
```

在代码中，首先设置最大对话轮数为 max_count，当前的对话轮数为 0，完成参数的初始化。使用 global 关键字将 s 定义为全局变量，即 s 可以在整段程序的任何位置使用。使用 open()函数将机器人的所有对话记录在指定的 TXT 文件中，达到最大轮数后停止对话。

步骤6：运行主函数

首先输入一个话题，然后输入对话轮数，最后调用主函数实现机器人之间的对话。代码如下。

```python
s = input('输入话题：')
n = int(input('设置对话的轮数：'))
run(n)
```

运行代码，程序开始执行，通过设置的话题和对话轮数，两个机器人进行对话。对话结束后，对话内容将保存在 TXT 文件中。使用不同的话题，分别将对话轮数设置为 3 和 5，将对话的结果填写在表 10.8 中。

表 10.8　对话的结果

话　题	轮　数	结　果
	3	
	5	
	3	
	5	

测一测

1．智能对话机器人是通过（　　）来仿真人类对话的程序。

　　A．语音识别　　　　B．图像识别　　　　C．自然语言处理　D．机器学习

2．以下对非任务型智能对话机器人的描述，错误的是（　　）。

　　A．非任务型智能对话机器人主要是以回答封闭域问题为主的聊天机器人

　　B．非任务型智能对话机器人多应用于娱乐、情感陪护等场景

　　C．非任务型智能对话机器人架构包括基于生成模型的架构和基于检索的架构

　　D．非任务型智能对话机器人采用人工评估的方法更加贴近生活使用标准

3．本项目中使用了以下哪两个机器人开发平台（　　）。

　　A．Clause 和 ChatGPT　　　　　　　　B．青云客和 ChatGPT

　　C．Chatopera 和思知　　　　　　　　　D．青云客和思知

4．在浏览器的地址栏里输入的网站地址叫作（　　）。

　　A．HTML　　　　　B．HTTP　　　　　C．URL　　　　　D．API

5．功能是"请求的文本"的请求参数是（　　）。

　　A．appid　　　　　B．userid　　　　　C．spoken　　　　D．requests

做一做

　　利用青云客智能聊天机器人和思知对话机器人可以实现机器人之间的对话。在本项目中，首先是青云客智能聊天机器人进行回答，然后思知对话机器人基于青云客智能聊天机器人的回答进行回复。将两者顺序颠倒，首先是思知对话机器人进行回答，然后青云客智能聊天机器人基于思知对话机器人的回答进行回复。按照要求修改代码，将代码填写到下面的方框中。

<table>
<tr><td>

</td></tr>
</table>

一、项目目标

学习本项目后，将自己的掌握情况填入表 10.9，并对相应项目目标进行难度评估。评估方法：对相应项目目标后的☆进行涂色，难度系数范围为 1～5。

表 10.9　项目目标自测表

序　号	项目目标	目标难度评估	是否掌握（自评）
1	了解智能对话机器人的概念	☆☆☆☆☆	
2	了解非任务型智能对话机器人的概念	☆☆☆☆☆	
3	了解非任务型智能对话机器人的架构	☆☆☆☆☆	
4	了解非任务型智能对话机器人开源系统	☆☆☆☆☆	
5	掌握青云客智能聊天机器人 API 接口的调用方法	☆☆☆☆☆	
6	掌握思知对话机器人 API 接口调用方法	☆☆☆☆☆	
7	掌握实现智能对话机器人之间对话的方法	☆☆☆☆☆	

二、项目分析

通过学习智能对话机器人的相关理论知识，使用机器人开发平台实现智能对话机器人之间的对话，请将项目具体实现步骤（简化）填入图 10.19 的横线处。

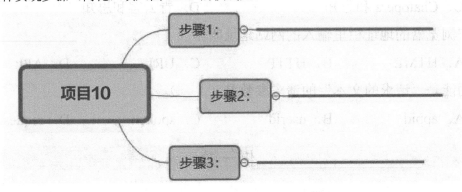

图 10.19　项目 10 具体实现步骤

三、知识抽测

下面是著名的图灵实验，假如让你做设计实验者，你会如何设计问题？填入下面的方框中。

图灵实验：一种确定计算机是否会思考的实验。一个人向计算机发问，另一个不知情的人试图从回答中区分是人还是计算机。如果计算机没有被辨认出，则实验成功。

四、任务 1 搭建青云客智能聊天机器人系统

在完成青云客智能聊天机器人后，根据图灵测试内容，同组进行图灵测试，将测试结果记录到表 10.10 中。

表 10.10　使用青云客智能聊天机器人图灵测试结果

问　　题	青云客智能聊天机器人	同 组 组 员

五、任务 2 搭建思知对话机器人系统

在完成思知对话机器人后，根据图灵测试内容，同组进行图灵测试，将测试结果记录到表 10.11 中。

表 10.11　使用思知对话机器人图灵测试结果

问　　题	思知对话机器人	同 组 组 员

六、任务 3 实现智能对话机器人之间的对话

使用图灵测试，测试智能对话机器人之间的对话，将结果记录在表 10.12 中。

表 10.12　智能对话机器人之间的对话测试结果

青云客智能聊天机器人	思知对话机器人

项目 10　漫谈对话：让智能机器人对话

项目 **11**

扫一扫，观看微课

焦点畅谈：定制康养智能机器人

项目背景

　　AI 对话系统起源于图灵测试，是人工智能领域最重要的研究方向之一，也是自然语言处理中最难、最核心的任务之一。如果说自然语言处理是人工智能"皇冠上的明珠"，那么 AI 对话系统就是"明珠中最亮的那颗"。AI 对话系统被认为是衡量人工智能发展水平的重要因素，代表了人工智能的发展方向。

　　AI 对话系统已经呈现出爆炸式增长态势，在智能助理、智能客服、社交机器人、心理咨询、虚拟人和元宇宙等多样化场景中随处可见它的身影，国内的小度、小爱同学等智能助理都处于世界领先地位。本项目使用百度智能对话平台 UNIT，打造康养智能机器人。

教学目标

（1）了解任务型智能对话机器人的概念。

（3）了解任务型智能对话机器人的架构。

（3）了解任务型智能对话机器人的关键技术。

（4）熟悉任务型智能对话机器人开源系统。

（5）熟悉任务型智能对话机器人的评价方法。

（6）了解智能对话机器人面临的挑战。

（7）掌握使用百度智能对话平台 UNIT 搭建康养智能对话机器人的方法。

项目分析

本项目首先介绍任务型机器人的基本理论知识，包括任务型智能对话机器人的概念、架构、关键技术和评估指标等，具体知识准备思维导图如图 11.1 所示。使用百度智能对话平台 UNIT 搭建康养智能对话机器人。具体分析如下。

（1）确定系统目标，梳理对应的业务场景下的要素和知识库，并撰写对应的故事线，抽取整个对话流程。

（2）创建对话技能和问答技能，根据数据和技能定义对话系统。

（3）将搭建的智能对话机器人部署到微信和硬件设备。

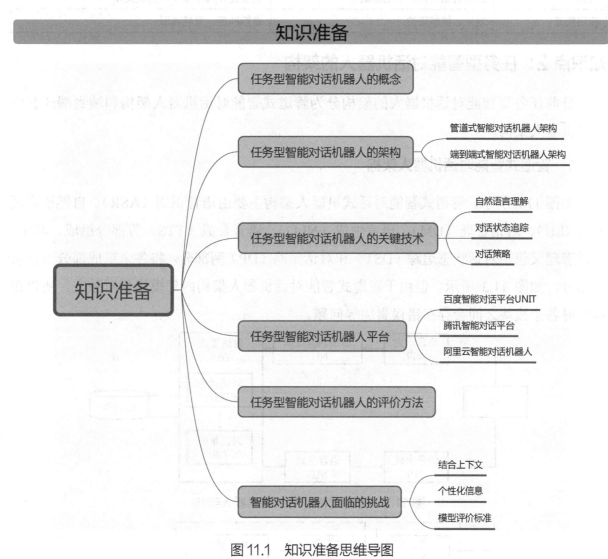

图 11.1 知识准备思维导图

知识点 1：任务型智能对话机器人的概念

任务型智能对话机器人是以封闭域（垂直域）问题为主的机器人，这类智能对话机器人具有明确的目标和具体的知识范围，只需专注完成一项具体任务，也被称为定领域的聊天机器人。任务型智能对话机器人多应用于虚拟助理、智能客服等领域。两类智能对话机器人的对比如表 11.1 所示。

表 11.1　两类智能对话机器人的对比

对比关键点	非任务型智能对话机器人	任务型智能对话机器人
目的	聊天	完成具体任务或动作
领域	开放域	封闭域（垂直域）
对话评估	越多越好	越少越少
缺点	对话深度不够、质量不高	对话容错率低、规模小
优势	能够自由对话，不受限制	能够提升人工效率，实现简单
应用场景	娱乐、情感陪护	虚拟助理、智能客服

知识点 2：任务型智能对话机器人的架构

目前任务型智能对话机器人的架构分为管道式智能对话机器人架构和端到端式智能对话机器人架构。

1. 管道式智能对话机器人架构

如图 11.2 所示，管道式智能对话式机器人架构主要由语音识别（ASR）、自然语言理解（NLU）、对话管理（DM）、语言生成（NLG）、语音合成（TTS）等部分组成。其中，对话管理又包括对话状态追踪（DST）和对话策略（DP）两部分。将各个组成部分进行层次划分，如图 11.3 所示。但由于管道式智能对话机器人架构内部模块相对独立，所以在运行时各个模块之间会存在错误累加等问题。

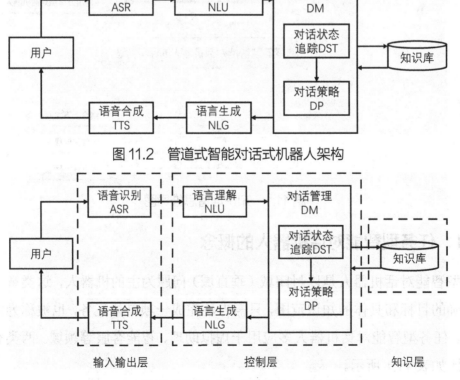

图 11.2　管道式智能对话式机器人架构

图 11.3　管道式智能对话式机器人架构层次划分

2. 端到端式智能对话机器人架构

随着深度神经网络模型的发展，人们对任务型智能对话机器人提出了端到端式的架构，针对管道式智能对话机器人架构的明显问题，端到端式智能对话机器人架构将内部优化、调整等操作都包含在神经网络内部，如图 11.4 所示。端到端式智能对话机器人需要大量人与人对话训练数据，属于有监督训练方式。

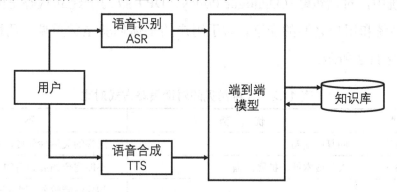

图 11.4　端到端式智能对话机器人架构

知识点 3：任务型智能对话机器人的关键技术

1. 自然语言理解

自然语言理解（Natural Language Understanding，NLU）的功能是利用语义和语法分析将语音识别的结果转化为计算机能够理解的结果。自然语言理解是任务型智能对话机器人中的重要技术，经过多年的发展，基于深度学习的自然语言理解技术研究已经取得重大进展。在任务型智能对话机器人中，自然语言理解最常用文本分类和序列标注的方法。文本分类的目的是根据预先定义的主题类别，按照一定的规则为未知类别的文本自动确定一个类别。在对话系统中，通过文本分类的方法，将用户的自然语言根据涉及的领域分为几类，以判断用户的意图。序列标注模型被广泛应用于文本处理相关领域，以得到自然语言序列对应的标签序列。对话系统中利用序列标注的方法对自然语言序列进行分词、词性标注、命名实体识别等工作，得到标签序列后生成结构化的数据，便于对整个句子进行理解。

2. 对话状态追踪

对话状态追踪（Dialogue State Tracing，DST）的作用是通过语言理解生成的结构化数据理解或捕捉用户的意图或目标，对话状态追踪基于多轮对话过程中的用户话语信息，更新对话状态，为对话决策提供支持。经过多年的发展，目前应用在这个领域的模型有很多，分为基于人工规则模型、基于生成式模型和基于判别模式模型 3 类。使用最多的是基于判别模式模型。对话状态追踪的思想是将系统和用户交互时的行为看作是在填写一张记录用户当前对话状态的表格。以订机票为例，将这张表格预先设定好状态，比如目的地、出发地、出发时间等，与系统背后的业务数据表中的属性相关联，不断地从对话中抽取相应的值来填充这个表格。

3. 对话策略

在对话系统中，对话策略（Dialogue Policy，DP）致力于建立状态空间到动作空间的映射，控制着系统和用户之间的交互，对于用户的整体体验至关重要。几种常见的对话策略方式对比如表 11.2 所示。

表 11.2　几种常见的对话策略方式对比

对话策略方式	优　势	不　足
基于人工制定的策略	回复质量高	回答的灵活性欠佳，人工投入较大
基于统计学的策略	人工成本低、扩展性强	不能完全拓展到新的交互中
基于强化学习的策略	能够反复优化对话策略，能够适应新交互	初始性能较差，训练过程不稳定，需要大量的训练时间

知识点 4：任务型智能对话机器人平台

随着人工智能的发展，人们对智能对话机器人的学习需求逐步增加，但对刚入门的学习者来说，搭建自己的智能对话机器人是一个漫长的过程。针对这个问题，各大厂商均推出智能对话机器人的体验平台，如百度智能对话平台 UNIT、腾讯智能对话平台、阿里云智能对话机器人等。本项目使用的是百度智能对话平台 UNIT。

1. 百度智能对话平台 UNIT

百度智能对话平台 UNIT 是百度推出的理解与交互技术，其首页如图 11.5 所示，使用者通过百度智能对话平台 UNIT 搭建满足自己需求的对话机器人。百度智能对话平台 UNIT 能够提供丰富的定制化服务，可以进行对话定制、问答定制、引导定制等。百度智能对话平台 UNIT 包括大规模预置知识，能够进行精准的训练数据推荐，有效降低数据富集成本。同时，百度智能对话平台 UNIT 还提供多种接口。对话模式有两种，分别是单轮对话模式和多轮对话模式。其中，单轮对话模式可以理解为简单的一问一答模式，在这个模式中，系统能清楚理解用户的对话意图，直接反馈正确的答案。而多轮对话模式是指系统需要通过多轮对话获取用户的对话意图，从而进行反馈。在多轮对话模式中，如果用户表述模糊，系统就无法识别用户的对话意图，此时就需要通过进一步询问以获取更多的信息来充分识别完整的用户意图，最后给出正确的反馈。

百度智能对话平台 UNIT 是较为成熟的对话系统开发平台，开发自由度较高，使用者可以根据自己的需求进行开发与设计。同时通过百度智能对话平台 UNIT 开发的智能对话机器人能有效识别用户的对话意图，答案匹配度更高。而且使用百度智能对话平台 UNIT 设计智能对话机器人时可以融入闲聊功能，让智能对话机器人具有趣味性，提高用户的使用黏性。

图 11.5　百度智能对话平台 UNIT 首页

2. 腾讯智能对话平台

腾讯智能对话平台（Tencent Bot Platform，TBP）专注于"对话即服务"的愿景，全面开放腾讯对话系统核心技术，为大型企业客户、开发者和生态合作伙伴提供开发平台和机器人中间件能力，实现便捷、低成本构建人机对话体验，高效、多样化赋能行业，其首页如图 11.6 所示。

图 11.6　腾讯智能对话平台首页

腾讯智能对话平台应用业内最领先的语义理解模型，包括 LSTM、Attention Mechanism、VDCNN、Seq2Seq、FastText 等，广泛应用于意图理解、实体识别、槽位抽取和对话生成等业务流程。同时提供多渠道应用发布能力，可大幅度减少开发者多平台开发的工作量，轻松将其开发完成后的机器人集成到移动 App、网站、IoT 设备等多种终端；支持零代码接入微信公众号。腾讯智能对话平台提供集成式 IDE，开发者可以以原生方式构建无服务器对话应用；多种场景云函数代码库持续发布中，进一步降低开发成本。腾讯智能对话平台提供简单易用的控制台，开发者无须深入理解自然语言处理原理，只需提供对话语料，平台即可构建好对话交互模型。

3. 阿里云智能对话机器人

阿里云智能对话机器人（原云小蜜），是阿里巴巴自研的新一代智能人机对话系统，平台首页如图 11.7 所示，适用于智能客服、智能办公助理、智能售前服务等场景，能替代人工解决大部分咨询问题。该对话机器人基于达摩院核心 AI 能力构建，具备完善的多模态交互对话能力。内置丰富的行业 FAQ 知识包、多轮场景包、意图、实体，在减少配置成本的同时也能显著提升识别的效果。平台内置大量的实际应用案例，覆盖金融、税务、保险、政务、游戏、电商、生鲜等多行业场景。

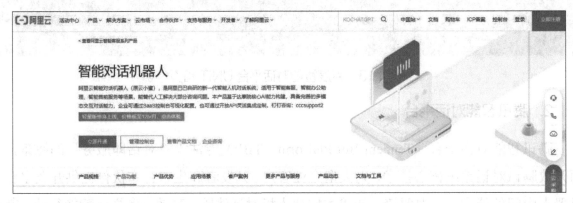

图 11.7 阿里云智能对话机器人平台首页

知识点 5：任务型智能对话机器人的评价方法

评价一个任务型智能对话机器人，主要是看机器人的回复率和回复内容的准确率，机器人对用户提出的问题是否都能给出回复，以及回复的内容是否为用户想要的回复。

任务型智能对话机器人回复率的计算公式为：

$$任务型智能对话机器人回复率 = \frac{回复数量}{用户提问总数} \times 100\%$$

任务型智能对话机器人回复准确率的计算公式为：

$$任务型智能对话机器人回复准确率 = \frac{解决问题的数量}{用户提问总数} \times 100\%$$

由公式可以看出，回复率、回复准确率越高，任务型智能对话机器人的效果越好。

知识点 6：智能对话机器人面临的挑战

目前，很多企业都有自己的智能对话平台，在开发过程及用户使用过程中，会面临许多挑战。在智能对话机器人领域，挑战就是智能对话机器人系统要解决的问题。想要设计出完全与使用者契合的智能对话机器人，还有很远的一段路要走。

1. 结合上下文

智能对话机器人要结合语境才能正确回复。在现实对话的语言环境中，人们会根据说话的内容，记得相互说出的句子，哪里修改过，随时做出回答。对智能对话机器人来说，比较常见的解决方法就是使用词向量表示对话，这在进行一个较长的对话时遇到更多的问题。目前，研究的方向是上下文场景中的长对话相互关联问题。

2. 个性化信息

人们在面临一个语义的问题时，往往能够给出相同的答案，同样，人们期待对话系统也是如此。对人们来说，这似乎是非常简单的，但对对话系统来说，却是一个重大的难题。目前很多对话系统都注重生成与语义密切相关的解决方案，但无法生成与语义一致的解决方案，因为训练的数据源来自不同类别的使用者。

3. 模型评价标准

一个好的系统需要更多轮的测试，评价一个智能对话机器人的好坏，更多的是看它能否完成一个指定的任务，并且给出的答案是否都是最佳的答案。这种测试方式都是人工评价，但这种评价的方式代价较大。而自动评价方式常用到的 BLEU 是基于文本匹配的方式，并不是评价智能对话机器人的最佳方法，目前还没有一个评价标准能够正确反映系统的成熟度。

项目实施：打造康养智能对话机器人

基于知识准备的学习，同学们已经了解了组成对话系统的基本要素。接下来将定义对话系统，并通过百度智能对话平台 UNIT，掌握对话逻辑的设计、对话技能和对话系统的训练，以及智能对话机器人的发布。项目的实施流程如图 11.8 所示。

图 11.8　项目的实施流程

任务1

定义对话系统

搭建一个对话系统，首先需要对整个对话系统进行分析，如确定系统目标、场景边界等。通过对对话系统的分析从而定义需要的对话系统。定义对话系统的流程如图 11.9 所示。

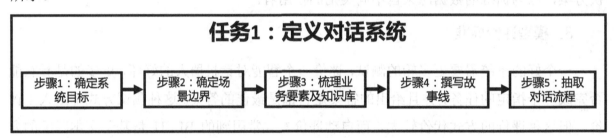

图 11.9 定义对话系统的流程

步骤 1：确定系统目标

在正式开始定义对话系统之前，需要确定智能对话机器人的实现目标。首先，智能对话机器人的主要功能是协助用户进行网上预约医院挂号，因此系统的首要功能是挂号功能。其次，为了帮助老年人正确地进行网上预约医院挂号，系统还应该设置挂号流程问答、提供医院名录及科室常见疾病问答的功能。

将以上确定的系统目标依次排序，分别为网上预约医院挂号、挂号流程问答、提供医院名录、科室常见疾病问答。

步骤 2：确定场景边界

确定对话系统的目标之后，接下来需要确定对话系统的定位和应用场景。在这个步骤中，需要对对话系统提供的服务及场景有清晰的理解与定义，以保证对话系统能在限定的步骤内完成特定的行为操作。

1. 创建机器人定位

在本项目中，智能对话机器人的主要功能是为老年人提供网上预约医院挂号服务。另外，在和老年人沟通的时候，更要注重沟通方式，因此智能对话机器人使用活泼生动的语气且保证足够的耐心能够让智能对话机器人更受老年人群体的欢迎。将智能对话机器人命名为"寿小康",寓意老年人能够健康长寿,智能对话机器人的性格可以定位为"活泼且有耐心的",接下来对智能对话机器人的设置都应该围绕这一定位来开展。

2. 明确智能对话机器人的应用场景

应用场景通常是指一个应用被使用的时候,用户所处的"场景"。家中得病的老年人在想要去医院看病或复诊的时候,因为同外界信息交流不畅,因此需要有人提供挂号流程、医院及科室等信息。因此,智能对话机器人"寿小康"将可以帮助老年人更便捷地进行网上预约医院挂号,以方便就医。接下来将通过以下步骤,明确智能对话机器人的应用场景。

首先,明确智能对话机器人的目标人群,即老年人群体,在这里可以通过对身边的老年人进行访谈或上网查找老年人群体的相关资料,对老年人群体进行简单的用户画像,如图 11.10 所示。

图 11.10 老年人群体简单的用户画像

其次,需要确定智能对话机器人的服务范围,这一点在前面已经明确。

最后,将目标人群的需求与智能对话机器人的服务范围一一连接起来,确定场景边界,如图 11.11 所示。

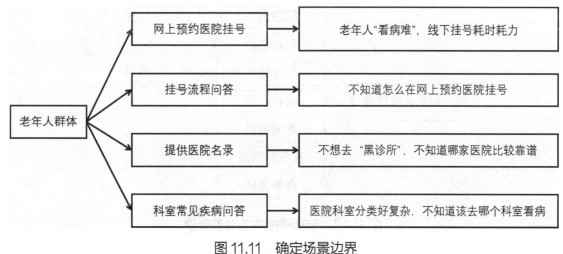

图 11.11 确定场景边界

225

步骤3: 梳理业务要素及知识库

1. 确定任务优先级

在这一步骤中,需要进一步拆解智能对话机器人的目标任务,接下来以"网上预约医院挂号"为例,拆解完成任务所需的子任务,并进行排序以确定优先级,如图11.12所示。这一步骤的目的主要是保证智能对话机器人在服务的过程中,能够明确各任务的优先级,在有限的步骤内优先完成网上预约医院挂号的流程。

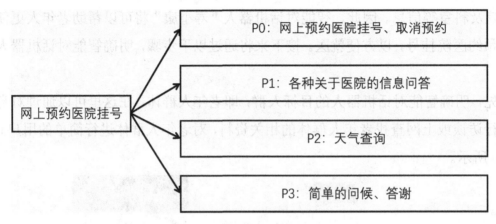

图11.12 网上预约医院挂号

2. 确定关键信息要素

在确定了任务的优先级后,接下来以网上预约医院挂号优先级最高的任务为例,罗列出与挂号相关的业务要素,如图11.13所示。挂号这一业务中包括医院名称、科室名称、医生姓名、就诊时间、患者姓名、实名制信息、联系方式7个要素,其中,科室名称还可以进一步划分为内科、外科、小儿科、骨科等。要尽可能细致地罗列出与业务相关的要素,以保证智能对话机器人在业务方面的专业性。

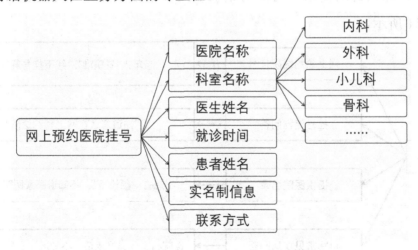

图11.13 与挂号相关的业务要素

3. 智能对话机器人任务要素梳理——定义变量

经过了对网上预约医院挂号业务要素的罗列，接下来需要将这些要素一一定义成智能对话机器人所需的变量，如表 11.3 所示。

表 11.3 智能对话机器人所需的变量

意图	REGISTER_HOSPITAL		网上预约医院挂号	
	字段名称	字段类型	取值示例	字段说明
词槽	user_hospital	字符串	广东省人民医院	医院名称
	user_department	字符串	内科	科室名称
	user_doctor	字符串	陈医生	医生姓名
	user_time	字符串	后天上午 10 点	就诊时间
	user_name	字符串	王建国	患者姓名
	user_identity	数值	44011019xx01010011	实名制信息
	user_contact	数值	123456789101	联系方式

将这些要素定义为变量，目的是为智能对话机器人的训练数据寻找合适的词槽。在百度智能对话平台 UNIT 上，词槽是为了满足用户对话意图所提取的关键信息或限定条件，可以理解为用户需要提供的筛选条件。例如在查询天气时，词槽是地点和时间，而在网上预约医院挂号业务中，词槽是已经确定了的关键信息要素。

步骤 4：撰写故事线

在这一步骤中，需要结合业务的背景，从生活中获取相应的经验，撰写出用户与智能对话机器人完整的对话过程，这就是故事线。故事线可以分为"愉悦路径"的故事线和"其他完成任务的对话路径"的故事线。

"愉悦路径"是指先撰写一个完成任务的完整对话，不要过于复杂；而"其他完成任务的对话路径"是指能够完成任务，但中间会有一些小插曲，比如用户并没有表达出完整的信息或提供冗余的信息，这个时候就需要智能对话机器人主动引导用户，并完成任务。

以网上预约医院挂号业务为例，故事线如图 11.14 所示。左侧为正常场景下用户和机器人的对话，即"愉悦路径"。右侧的对话路径因为用户在对话中另外加入了其他信息，这时候就需要智能对话机器人及时并主动引导用户。

在撰写故事线的过程中，需要从生活中获取对话的经验，考虑真实场景下的对话路径，尽可能使对话路径丰富起来，这样才能使智能对话机器人在后续的服务过程中，帮助用户快速、高效地达到目的。

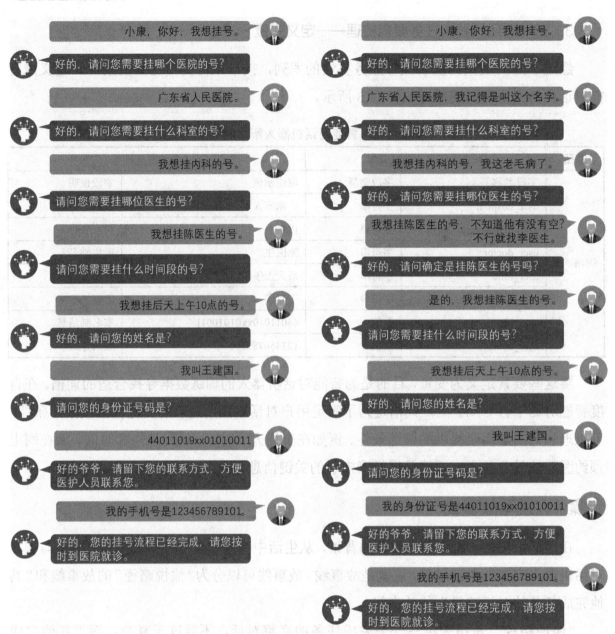

图 11.14　网上预约医院挂号业务的故事线

步骤 5：抽取对话流程

通过撰写故事线，同学们进一步熟悉了任务的开展流程，接下来就从故事线中抽取对话流程。抽取对话流程可以理解为业务流程图的绘制。业务流程图描述的是完整的业务流程，以业务处理过程为中心，且没有数据的概念，以动作来推进业务，简单来讲，流程图更加关注的是业务实现具体需要进行哪些操作。

网上预约医院挂号业务的流程如图 11.15 所示。

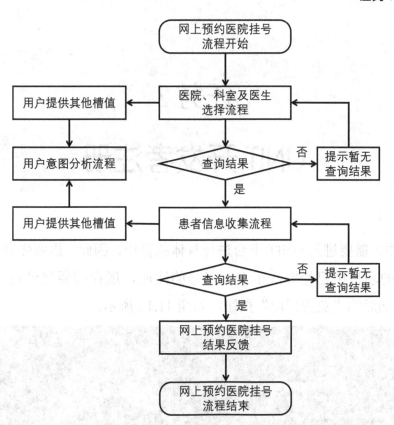

图 11.15　网上预约医院挂号业务的流程

　　网上预约医院挂号业务的流程，从医院、科室及医生选择流程开始，如果查询结果为"是"，则进入患者信息收集流程，收集完成之后反馈网上预约医院挂号结果；如果查询结果为"否"，则提示用户暂无查询结果，返回医院、科室及医生选择流程。需要注意的是，如果患者询问的并非网上预约医院挂号相关的业务，而是其他未知的业务，智能对话机器人就要进入用户意图的分析流程，重新确定用户的真正意图。

　　在绘制完成网上预约医院挂号业务的流程图后，还需要绘制智能对话机器人的其他业务流程图。

项目 11　焦点畅谈：定制康养智能机器人

UNIT 开发者注册

在本任务中，需要进入 UNIT 平台进行具体的操作，因此，需要先完成 UNIT 开发者注册。在之前的项目中已经完成了百度账号的注册，现在需要登录百度智能对话平台 UNIT，单击云端版的"免费试用"按钮，如图 11.16 所示。

图 11.16　单击"免费试用"按钮

进入"UNIT 开发者注册"页面，如图 11.17 所示，可以通过以下步骤填写相关信息以完成开发者注册。如果已经是百度智能对话平台 UNIT 用户，则可以忽略此步。按照提示填写相关信息，填写完成后，单击"注册为 UNIT 开发者"按钮即可。

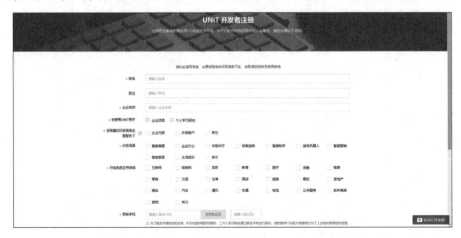

图 11.17　"UNIT 开发者注册"页面

图 11.17　"UNIT 开发者注册"页面（续）

项目 11　焦点畅谈：定制康养智能机器人

创建对话技能

本任务将通过相应的采集渠道进行对话数据的采集工作，并基于百度智能对话平台UNIT，创建对话技能并导入相应的对话数据。

创建对话技能首先需要采集对话样本，接下来将基于百度智能对话平台 UNIT 进行对话技能的创建与配置，具体流程如图 11.18 所示。

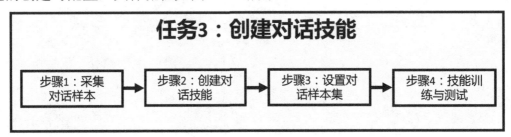

图 11.18　创建对话技能的流程

步骤 1：采集对话样本

通过对本项目知识准备部分的学习，同学们已经了解到本项目所需的数据可以从业务场景、对话日志及官方数据库中采集。对应本项目任务 1 中列出的目标功能，可以得知智能对话机器人的首要目标是实现网上预约医院挂号功能，所以首先需要创建对话技能。在采集数据的过程中，可以结合本项目任务 1 中已经确定的关键信息要素和故事线，进行网上预约医院挂号对话样本的采集。

因为目前数据库中目前尚无医院挂号对话相关的数据集，所以可以从具体的业务场景或对话日志中，也就是老年人群体在网上预约医院挂号的场景中，采集本项目所需的数据，部分原始数据如下。

> 你好，帮我挂一下号。
>
> 我打算明天去医院复诊，能帮我挂一下号吗？
>
> 我想后天去医院看看高血压，能帮忙挂个号吗？
>
> 你好，你能帮忙在网上挂个号吗？
>
> 你好，后天复诊，帮我挂陈医生的号。

> 这周六打算去医院看看膝盖，帮我挂个号吧。
>
> 我最近血压有点高，想去医院看看，帮我挂个号。
>
> 我想去广州中医院看看我的老风湿，你能帮我挂号吗？
>
> 小康好，明天打算和老伴去医院复诊，能帮我挂个号吗。
>
> 陈医生明天有空吗？我打算和我老伴去看看风湿。

步骤 2：创建对话技能

进入百度智能对话平台 UNIT，选择"我的技能"选项，进入"我的技能"页面，如图 11.19 所示。

图 11.19 "我的技能"页面

进入"我的技能"页面后，单击"新建技能"按钮创建自定义技能，如图 11.20 所示。

图 11.20 "新建技能"按钮

弹出"创建技能"对话框，如图 11.21 所示，有两种技能供用户选择，在这里可以选择"对话技能"选项，并单击"下一步"按钮打开"请填写技能信息"对话框。

"请填写技能信息"对话框如图 11.22 所示，按照要求填写相关信息即可成功创建对话技能。

图 11.21　"创建技能"对话框

图 11.22　"请填写技能信息"对话框

回到"我的技能"页面后，可以看到"网上预约医院挂号"对话技能，单击即可进入技能配置页面，如图 11.23 所示。

图 11.23　"网上预约医院挂号"对话技能

在技能配置界面，首先设置技能的对话意图，单击"新建对话意图"按钮进入对话意图设置页面，如图 11.24 所示。

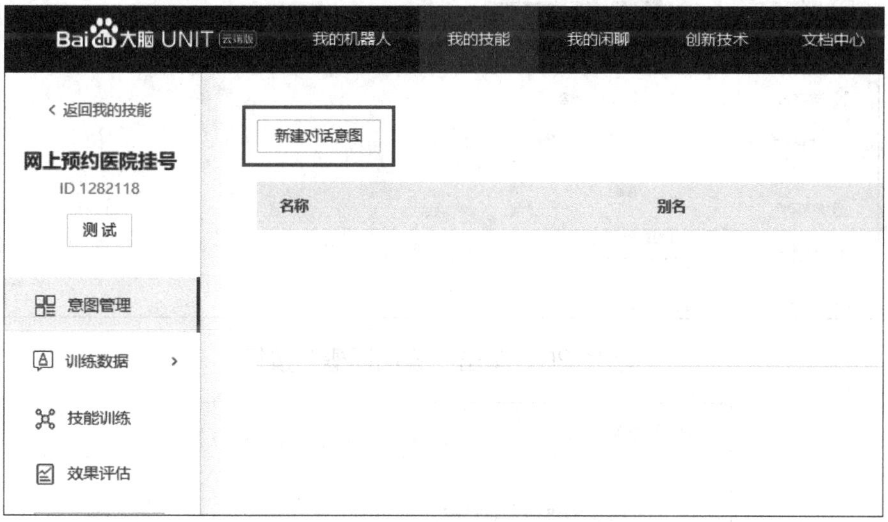

图 11.24　"新建对话意图"按钮

进入对话意图设置页面后，可以按照相关要求填写对话意图的信息。如图 11.25 所示，在"意图名称"文本框中使用英文填写意图的名称，在"意图别名"文本框中使用中文填写意图的其他名称，百度智能对话平台 UNIT 支持填写多个名称，单击加号按钮即可添加。

填写完成对话意图的相关信息后，接下来需要设置关联词槽，单击"添加词槽"按钮，如图 11.26 所示，即可打开"新建词槽"对话框。

"新建词槽"对话框如图 11.27 所示，按照要求填写相关的词槽信息，包括词槽名称和词槽别名。

图 11.25　填写对话意图的信息

图 11.26　单击"添加词槽"按钮

图 11.27　"新建词槽"对话框

在填写完成词槽信息后，进入"选择词典"流程，如图11.28所示，词槽中既可以选择上传自定义词典值，也可以选择系统词典。在这个项目中，建议首先复用系统预置词典，其次使用自定义词典加以补充。单击"on"按钮并勾选"sys_org（机构，包括学校、政府、企业、协会、医院、媒体、组织）"复选框后，即可选择"系统词典"作为此词槽的词典。

图11.28 "选择词典"流程

完成词典的选择后，进入"设置词槽与意图关联属性"流程，如图11.29所示，因为在"网上预约医院挂号"这一业务中，"医院名称"这一属性是必不可少的，所以在"词槽必填"选区中选中"必填"单选按钮；在"澄清话术"选区中选中"普通澄清话术"单选按钮，并填写相关的澄清话术。

user_hospital词槽配置完成后，单击"确定"按钮即可完成词槽的新建，如图11.30所示，在"意图管理"页面中即可看到词槽的具体信息。

除了"医院名称"这一属性，"网上预约医院挂号"业务还需要新建科室名称（user_department）、医生名单（user_doctor）、就诊时间（user_time）、患者姓名（user_name）、实名制信息（user_identity）和联系方式（user_contact）6个词槽。按照同样的方法对这6

个词槽进行设置，6 个词槽的信息如表 11.4 所示。

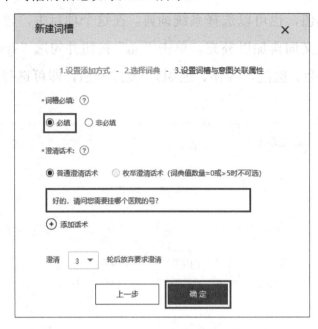

图 11.29   "设置词槽与意图关联属性"流程

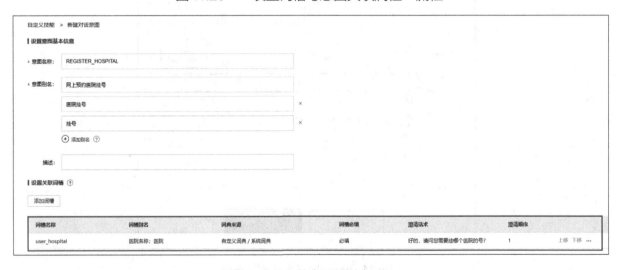

图 11.30   完成词槽的新建

表 11.4   词槽信息

词 槽 名	别 名	字 典	必 选 词 槽
user_department	科室、部门	自定义词典	必填
user_doctor	医生、大夫、专家、老师、医师、郎中、先生	自定义词典	必填
user_time	时间、时候、日子	系统词典 sys_time (时间)	必填
user_name	姓名、名字	系统词典 sys_per（人物，包含虚拟人物在内的各类人名）	必填
user_identity	居民身份证号码、身份证号码、身份证号	系统词典 sys_num（纯数字，包括整数、分数、小数）	必填

续表

词 槽 名	别 名	字 典	必 选 词 槽
user_contact	联系方式、手机号码、电话号码、手机、电话	系统词典 sys_num（纯数字，包括整数、分数、小数）	必填

其中，因为 user_department 这一词槽在系统词典中尚无对应的词典值，所以需要自定义词典，示例词典值如下。

内科
外科
妇产科
生殖科
小儿科
骨科
耳鼻喉科
眼科
口腔科
皮肤科
肿瘤科
男科
传染病科

除此之外，因为 user_doctor 词槽应根据具体项目查找相关真实数据，在本任务中，则采用自定义词典即可，示例词典值如下。

王医生
陈医生
李医生
吴医生
马医生
刘医生
郑医生
周医生
徐医生
肖医生
杨医生
欧阳医生

以上示例词典值可以复制生成 TXT 文件，作为自定义词典，并通过以下步骤将词典上传至对应的词槽。

在填写完成词槽信息后，进入"选择词典"流程，如图 11.31 所示，单击"上传词典"

项目 11 焦点畅谈：定制康养智能机器人

文字链接即可上传自定义词典值作为此词槽的词典。

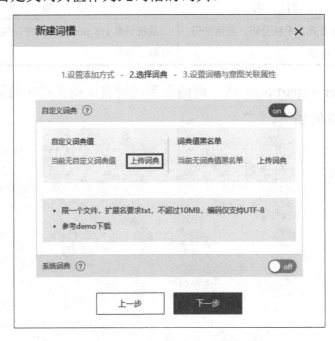

图 11.31 "上传词典"文字链接

上传完成后，单击"下一步"按钮即可进入"设置词槽与意图关联属性"流程，填写相关信息即可完成词槽的创建。如图 11.32 所示。

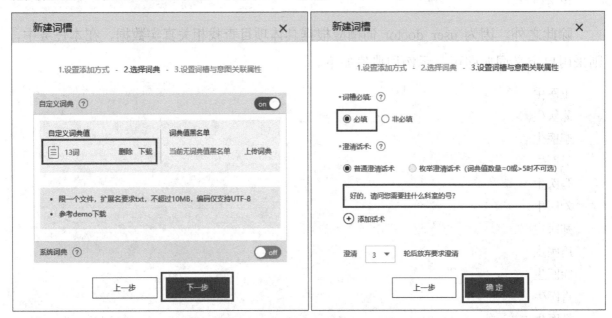

图 11.32 "设置词槽与意图关联属性"流程

最后，在"网上预约医院挂号"意图下，我们已经完成了医院名称、科室名称、医生名单、就诊时间、患者姓名、实名制信息和联系方式 7 个词槽的创建，这 7 个词槽如图 11.33 所示。

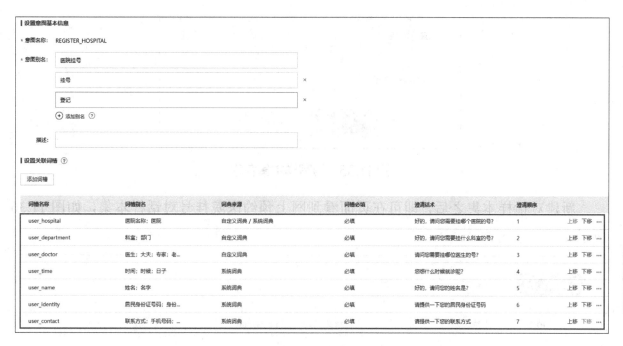

图 11.33　"网上预约医院挂号"意图的 7 个词槽

步骤 3：设置对话样本集

在完成词槽的新建之后，接下来需要新建对话样本集并导入采集的对话样本，如图 11.34 所示，选择"训练数据"→"对话样本集"选项，进入"新建对话样本集"页面。

图 11.34　"新建对话样本集"页面

单击"新建对话样本集"按钮，弹出"新建样本集"对话框，填写对话样本集的名称，单击"确认"按钮即可新建对话样本集，如图 11.35 所示。

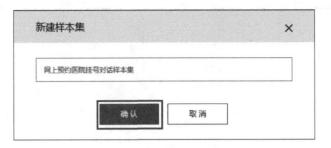

图 11.35　填写样本集名称

新建对话样本集之后，即可在页面看到网上预约医院挂号对话样本集，如图 11.36 所示。

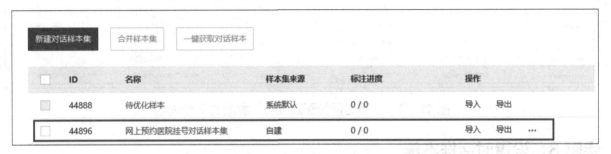

图 11.36　网上预约医院挂号对话样本集

单击网上预约医院挂号对话样本集，进入对话样本集的设置页面，如图 11.37 所示，输入对话样本，按回车键即可添加该对话样本。

图 11.37　对话样本集的设置页面

添加对话样本后，在下方即可标注该对话样本，如图 11.38 所示，需要对对话样本进行意图及词槽的标注，标注完成后，单击"确认"按钮即可完成标注工作。

已经标注完成的对话样本如图 11.39 所示。

接下来需要对所有对话样本数据进行标注，标注结果如图 11.40 所示。

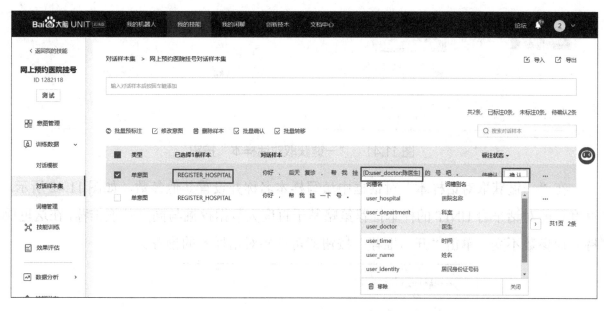

图 11.38　标注对话样本

图 11.39　已经标注完成的对话样本

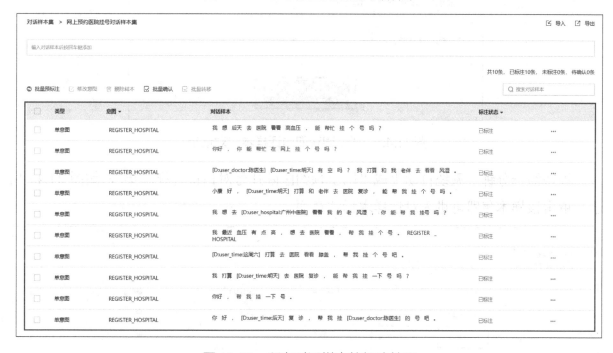

图 11.40　所有对话样本的标注结果

完成对话样本的标注后，接下来可以基于百度智能对话平台 UNIT 的样本推荐功能进行数据的扩充。首先勾选对话样本集前的复选框，然后单击"一键获取对话样本"按钮，如图 11.41 所示。

项目 11

焦点畅谈：定制康养智能机器人

图 11.41　"一键获取对话样本"按钮

在"一键获取对话样本"对话框中填写样本名称并设置其他参数，如图 11.42 所示。百度智能对话平台 UNIT 的样本推荐策略基于百度大数据挖掘与同义替换推荐，在这里保持其他参数不变，单击"开始推荐"按钮即可开始对话样本的推荐。

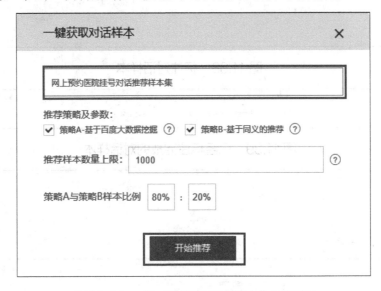

图 11.42　"一键获取对话样本"对话框

等待约一分钟，系统自动生成"网上预约医院挂号对话推荐样本集"，如图 11.43 所示，单击该样本集即可进入对话样本标注页面。

图 11.43　网上预约医院挂号对话推荐样本集

在对话样本集标注页面，需要删除部分不合适的对话样本数据并进行标注，标注完成后即可作为样本集参与训练，如图 11.44 所示。

图 11.44　对话样本集标注页面

步骤 4：技能训练与测试

接下来选择"技能训练"选项，进入"技能训练"页面，如图 11.45 所示。

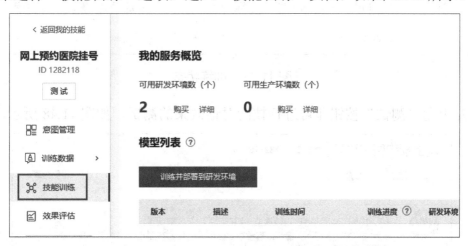

图 11.45　技能训练页面

在"技能训练"页面中，单击"训练并部署到研发环境"按钮，弹出"模型训练"对话框，选择任意研发环境进行技能的训练，其他参数保持不变，单击"确认训练并部署"按钮即可训练技能，如图 11.46 所示。

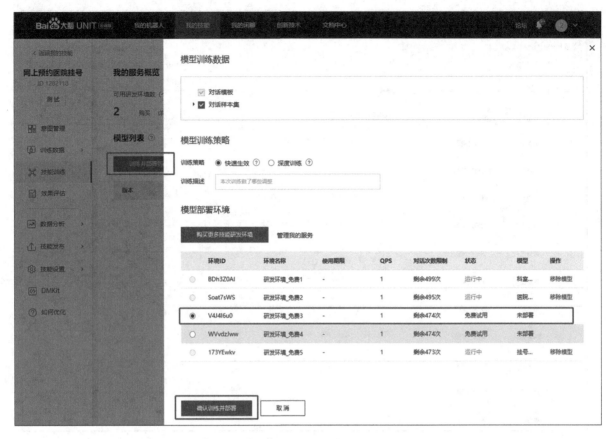

图 11.46　技能训练

"网上预约医院挂号"对话技能训练并部署完成后即可测试该技能的效果，如图 11.47 所示。

版本	描述	训练时间	训练进...	研发环境	生产环境 ⑦	操作
v1		2022-07-28 ...	● 训练...	运行中 详情	未部署 部署	删除

图 11.47　训练状态

单击左上角"测试"按钮即可进行技能对话效果的测试，如图 11.48 所示。

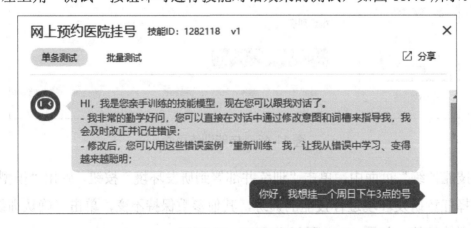

图 11.48　对话测试

项目 11　焦点畅谈：定制康养智能机器人

图 11.48　对话测试（续）

　　直到把词槽全部填满，对话技能会回复"好的，您的挂号已经完成，请您按时到医院就诊。"，至此，技能训练并测试成功，如图 11.49 所示。

图 11.49　技能训练并测试成功

图 11.49 技能训练并测试成功（续）

项目 11 焦点畅谈：定制康养智能机器人

任务4

创建问答技能

在上一任务中，为我们已经通过百度智能对话平台 UNIT 的对话技能，成功实现了网上预约医院挂号的功能。问答技能适用于用户问题的问法多样但答案相对固定的对话场景，不需要根据用户话语中的关键信息来设定不同的回复内容，比如针对各种规章制度、政策法规等信息的问答技能。本任务将基于百度智能对话平台 UNIT 的问答技能实现智能对话机器人的其他 3 个目标功能：挂号流程问答、提供医院名录及科室常见疾病问答。

结合上文对问答技能的学习，以及对智能对话机器人 3 个目标功能的探究，最终得出了以下技能实现的组合。

（1）科室常见疾病问答：FAQ 问答技能。

（2）挂号流程问答：对话式文档问答技能。

（3）医院名录问答：表格问答技能。

确定好了目标功能的实现方式后，接下来需要在百度智能对话平台 UNIT 上创建问答技能，由于是问答技能的 3 种子类型，实现逻辑非常相似，流程如图 11.50 所示。

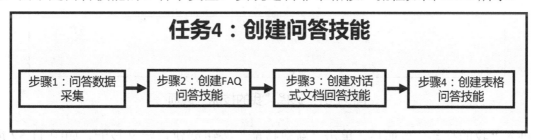

图 11.50　创建问答技能的流程

步骤 1：问答数据采集

采集完成网上预约医院挂号的对话样本数据后，接下来需要根据智能对话机器人的目标功能，即挂号流程问答、医院名录问答及科室常见疾病问答进行相应的数据采集工作。

在进行数据采集前，需要先根据目标功能，寻找合适的场景，再从相关渠道采集目标功能所需的数据，接下来以科室常见疾病问答功能为例进行数据的采集。

科室常见疾病问答的数据一般会出现在患者或患者家属不清楚某种病症应该看哪个

科室的场景。对此，可以利用网络资源或咨询专家进行相关数据的查找，但在查找过程中，需要保证数据的专业性，才能正确引导患者或患者家属进行就医。

因此，在确定了数据的来源之后，接下来可以从相关官方网站上寻找相应的数据资源或咨询专家，进行问答数据的采集并进行处理。处理完成后的部分数据如下。

标准问题：眼科主要是看什么病的？
相似问题：眼科看什么病？
相似问题：什么病需要看眼科？

答案1：白内障、玻璃体病、玻璃体混浊、干眼症、巩膜葡萄肿、角膜病、角膜炎、角膜移植、结膜病、结膜炎、近视、近视眼手术、屈光不正、泪器病、睑腺炎、青光眼、小儿弱视、小儿斜视、失明、视神经病、视网膜病、视网膜脱落、眼底病、沙眼、眼外伤、眼部疾病、眼部整形、眼肿瘤、眼睑病、眼眶炎症、视神经萎缩、巩膜炎、葡萄膜病、睑板腺囊肿、糖尿病视网膜病变、眼球震颤。

步骤2：创建 FAQ 问答技能

首先需要在百度智能对话平台 UNIT 上创建 FAQ 问答技能。进入百度智能对话平台 UNIT，选择"我的技能"选项，如图 11.51 所示。

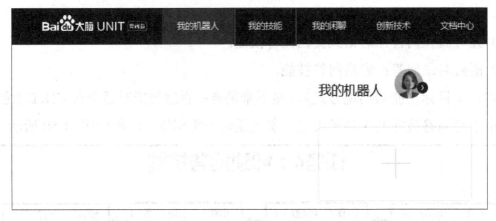

图 11.51　选择"我的技能"选项

进入"我的技能"页面后，单击"新建技能"按钮创建自定义技能，如图 11.52 所示。

图 11.52　单击"新建技能"按钮

在"创建技能"对话框中选择"问答技能"选项，单击"下一步"按钮，弹出"选择问答技能类型"对话框，如图 11.53 所示。

图 11.53　选择"问答技能"选项

　　"选择问答技能类型"对话框如图 11.54 所示。选择"FAQ 问答"选项，单击"下一步"按钮，弹出"请填写技能信息"对话框。

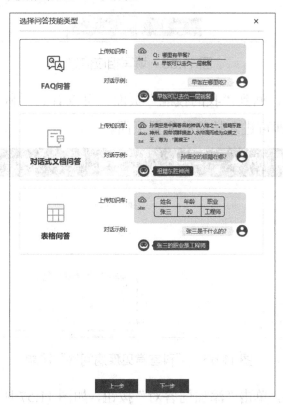

图 11.54　"选择问答技能类型"对话框

在"请填写技能信息"对话框中填写相应信息，如图 11.55 所示，填写完成后单击"创建技能"按钮即可成功创建 FAQ 问答技能。

图 11.55　填写相应信息

技能创建完成之后，回到"我的技能"页面，可以看到"科室常见疾病问答"技能，如图 11.56 所示，单击即可进入技能的配置页面。

图 11.56　"科室常见疾病问答"技能

在技能的配置页面，单击"添加问答对"按钮，如图 11.57 所示，进入"新建问答对"页面。

图 11.57 单击"添加问题对"按钮

进入"新建问答对"页面后，根据要求导入数据，包括标准问题、相似问题及答案，如图 11.58 所示，导入完成后单击"保存并新建下一条"按钮。

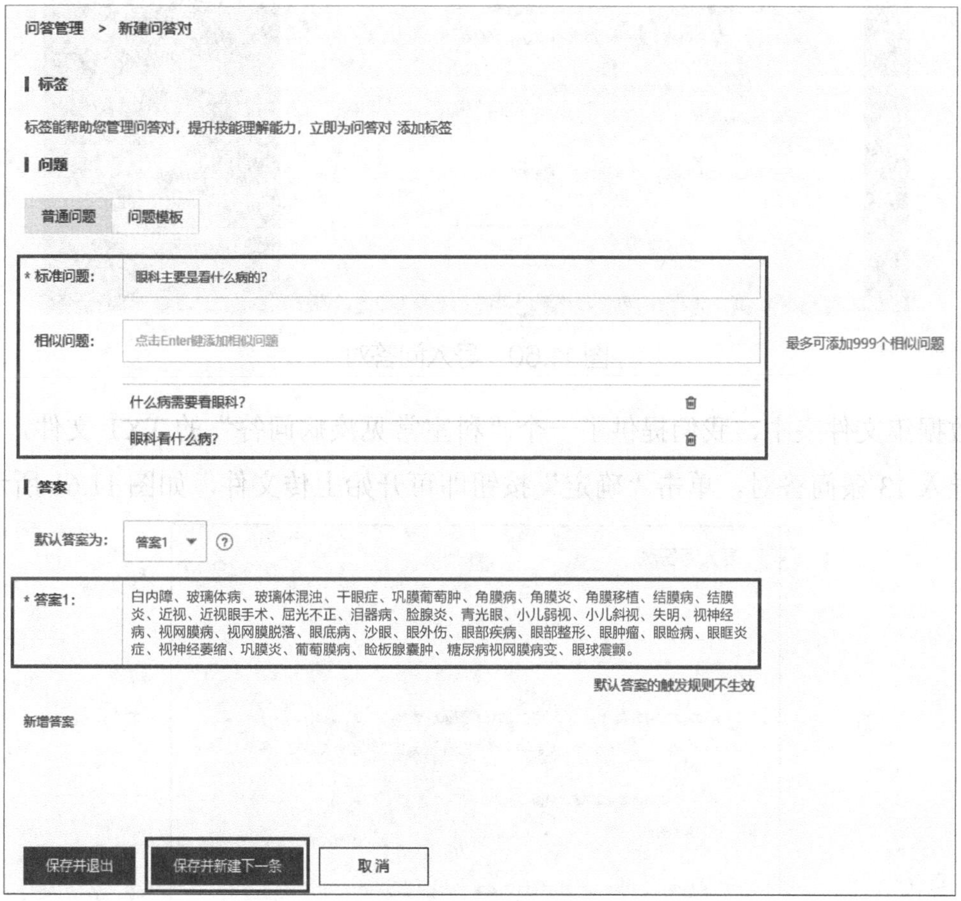

图 11.58 导入数据

回到"问答管理"页面，可以看到问答对已经成功添加至 FAQ 技能，如图 11.59 所示。所有科室常见疾病问答的数据添加完成后，即可进入下一步骤。

项目 11

焦点畅谈：定制康养智能机器人

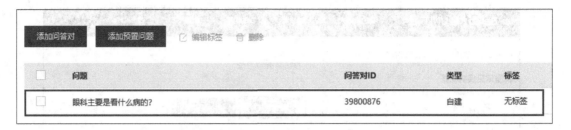

图 11.59　问答对添加至 FAQ 技能

　　除了"添加问答对"的方式，还可以通过导入的方式来进行问答对的添加，如图 11.60 所示，单击"导入"按钮即可上传相应文件。文件内的数据需要按照特定格式进行处理，具体可以单击"参考 demo 下载"文字链接，下载并查看参考 Demo。

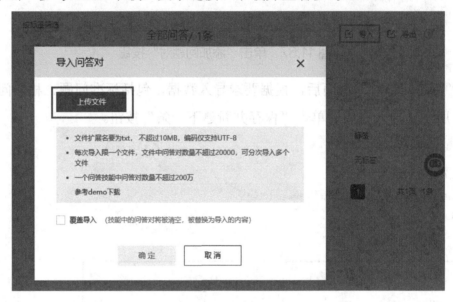

图 11.60　导入问答对

　　在数据集文件夹中，我们提供了一个"科室常见疾病问答"的 TXT 文件，上传此文件即可导入 13 条问答对，单击"确定"按钮即可开始上传文件，如图 11.61 所示。

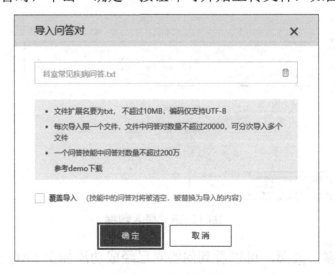

图 11.61　上传文件

上传效果如图 11.62 所示，等待上方进度条完成，13 条问答对就导入成功了。

图 11.62　上传效果

选择"技能训练"选项即可进入"技能训练"页面。单击"训练并部署到研发环境"按钮，弹出"模型训练"对话框，选择任意研发环境并添加训练描述，单击"确认训练并部署"按钮，如图 11.63 所示即可训练 FAQ 技能。

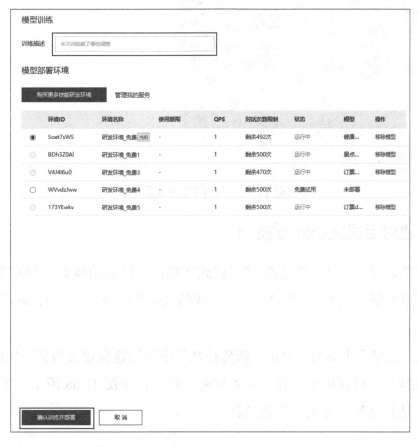

图 11.63　单击"确认训练并部署"按钮

如图 11.64 所示，等待 FAQ 问答技能训练并部署完成后即可验证该技能的效果。

版本	描述	训练时间	训练进...	研发环境	生产环境 ⑦	操作
v1		2022-07-28 ...	● 训练...	运行中 详情	未部署 部署	删除

图 11.64　FAQ 问答技能状态

单击"测试"按钮即可打开技能的测试窗格，如图 11.65 所示，在输入栏中输入问题，按下回车键即可测试该技能的训练效果。

图 11.65　技能的测试窗格

步骤 3：创建对话式文档问答技能

在百度智能对话平台 UNIT 上创建对话式文档问答技能的步骤与创建 FAQ 问答技能类似。进入百度智能对话平台 UNIT，选择"我的技能"选项，如图 11.66 所示，进入"我的技能"页面。

进入"我的技能"页面后，单击"新建技能"按钮创建自定义技能，如图 11.67 所示。

在"创建技能"对话框中选择"问答技能"选项，如图 11.68 所示，单击"下一步"按钮，弹出"选择问答技能类型"对话框。

图 11.66　选择"我的技能"选项

图 11.67　单击"新建技能"按钮

图 11.68　选择"问答技能"选项

　　选择"对话式文档问答"选项，如图 11.69 所示，单击"下一步"按钮，弹出"请填写技能信息"对话框。

项目
11

焦点畅谈：定制康养智能机器人

257

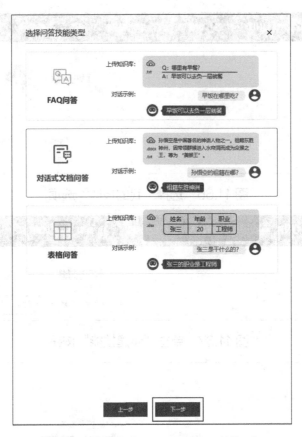

图 11.69　选择"对话式文档问答"选项

在"请填写技能信息"对话框中填写相应的信息，如图 11.70 所示，填写完成后单击"创建技能"按钮即可成功创建对话式文档问答技能。

图 11.70　填写相应的信息

技能创建完成之后，回到"我的技能"页面，可以看到"挂号流程问答"技能，如图 11.71 所示，单击即可进入技能的配置页面。

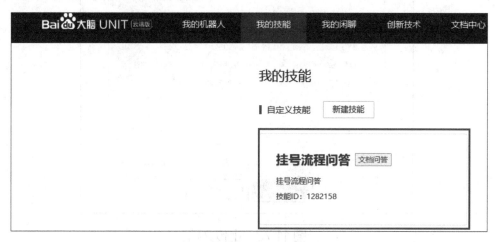

图 11.71　"挂号流程回答"技能

在技能的配置页面中，单击"上传文档"按钮上传相关文档，如图 11.72 所示。

图 11.72　上传文档

在"上传文档"对话框中，可以看到系统对上传的文档的具体要求，如图 11.73 所示，在数据集文件夹中，提供了名称为"挂号流程问答"的 TXT 文档，单击"确定"按钮即可上传文档。

待所有文档数据上传完成后，选择"技能训练"选项即可进入"技能训练"页面，如图 11.74 所示。

在"技能训练"页面，单击"训练并部署到研发环境"按钮，弹出"模型训练"对话框，选择任意研发环境后，单击"确认训练并部署"按钮即可进行文档问答技能的训练，如图 11.75 所示。

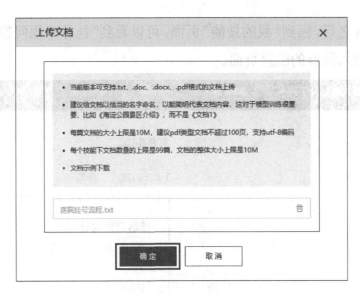

图 11.73　上传文档

图 11.74　选择"技能训练"选项

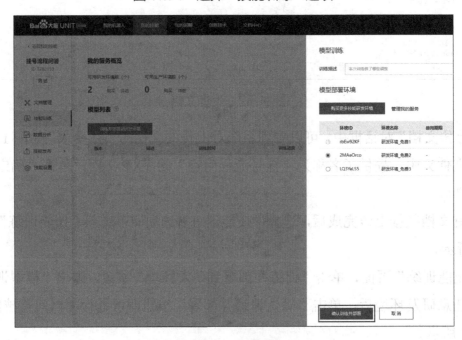

图 11.75　技能训练

如图 11.76 所示，等待对话式文档问答技能训练并部署完成后即可测试该技能的效果。

版本	描述	训练时间	训练进...	研发环境	生产环境 ⑦	操作
v1		2022-07-28 ...	● 训练...	运行中 详情	未部署 部署	删除

图 11.76　技能的训练状态

单击"测试"按钮即可进行技能测试，如图 11.77 所示，在输入栏中输入问题，按下回车键即可测试该技能的训练效果。

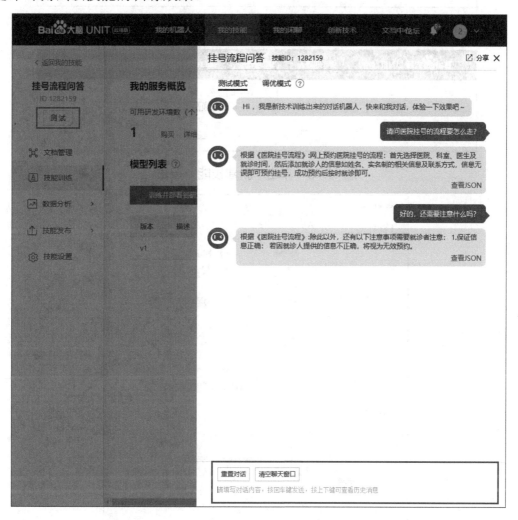

图 11.77　技能测试

步骤 4：创建表格问答技能

第三个任务是创建表格问答技能。进入百度智能对话平台 UNIT 后，选择"我的技能"选项，进入"我的技能"页面，如图 11.78 所示。

进入"我的技能"页面后，单击"新建技能"按钮创建自定义技能，如图 11.79 所示。

在"创建技能"对话框中选择"问答技能"选项，如图 11.80 所示，单击"下一步"按钮，弹出"选择问答技能类型"对话框。

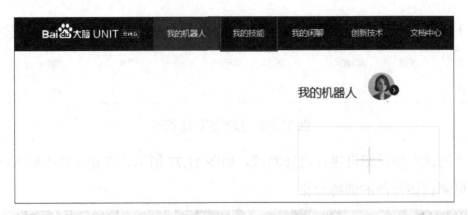

图 11.78 "我的技能"页面

图 11.79 单击"新建技能"按钮

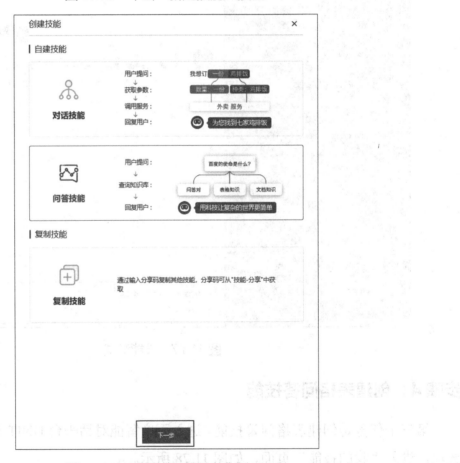

图 11.80 选择"问答技能"选项

　　选择"表格问答"选项，如图 11.81 所示，单击"下一步"按钮，弹出"请填写技能信息"对话框。

图 11.81　选择"表格问答"选项

在"请填写技能信息"对话框中填写相应的信息，如图 11.82 所示，填写完成后单击"创建技能"按钮即可成功创建表格问答技能。

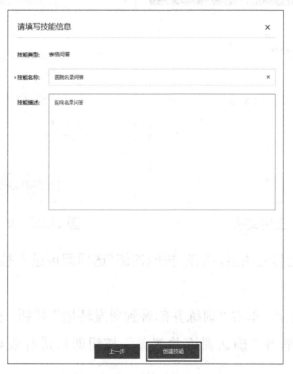

图 11.82　填写相应的信息

技能创建完成之后，回到"我的技能"页面，可以看到"医院名录问答"技能，如图 11.83 所示，单击即可进入技能的配置页面。

图 11.83　"医院名录问答"技能

在技能的配置页面，单击"上传文档"按钮上传文档，如图 11.84 所示。

在"上传文档"对话框中，可以看到系统对上传的文档的具体要求，根据要求进行数据的处理之后，才可以上传文档。在数据集的文件夹里，提供了名为"医院名录"扩展名为.xlsx 的文档，上传该文档即可。如图 11.85 所示，选择"医院名录"文档，单击"确定"按钮即可上传文档。

图 11.84　上传文档

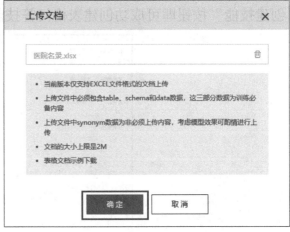

图 11.85　单击"确定"按钮

待所有文档数据上传完成后，选择"技能训练"选项即可进入技能训练页面，如图 11.86 所示。

在"技能训练"页面，单击"训练并部署到研发环境"按钮，弹出"模型训练"窗格，选择任意研发环境后单击"确认训练并部署"按钮即可进行表格问答技能的训练，如图 11.87 所示。

图 11.86　选择"技能训练"选项

图 11.87　开始训练

如图 11.88 所示，等待表格问答技能训练并部署完成后即可测试该技能的效果。

版本	描述	训练时间	训练进...	研发环境	生产环境 ⑦	操作
v1		2022-07-28 ...	● 训练...	运行中 详情	未部署 部署	删除

图 11.88　训练状态

单击"测试"按钮即可打开技能的测试窗格，接下来在输入栏中输入问题，按回车键即可测试该技能的训练效果。

如图 11.89 所示，输入"广州市有哪些医院是三甲医院？"，医院名录问答技能可以

项目 11

焦点畅谈：定制康养智能机器人

根据表格内的具体数据进行回答；重新输入"珠江医院的等级是？"，医院名录问答技能可以根据表格内的数据回复"珠江医院的级别是三甲"。

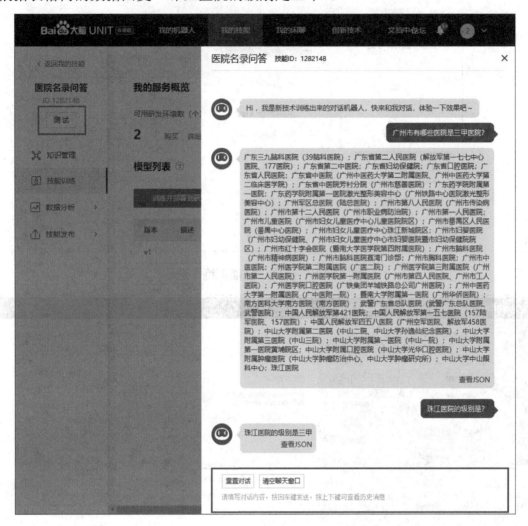

图 11.89　技能测试

任务 5

搭建对话系统

在创建并训练完成机器人的所有技能之后，接下来需要创建机器人并为机器人添加技能，同时设置机器人的对话流程，以提高智能对话系统配置的效率，提升对话交互的效果。搭建对话系统的流程如图 11.90 所示。

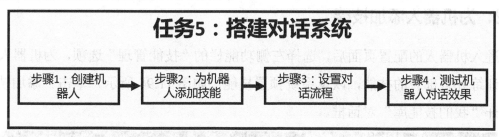

图 11.90　搭建对话系统的流程

步骤 1：创建机器人

在设置对话流程之前，首先需要新建机器人，"我的机器人"页面如图 11.91 所示，单击"添加"按钮，弹出"新建机器人"对话框。

在"新建机器人"对话框中按照要求填写相关信息，并将"对话流程控制"设置为"技能分发"，单击"创建机器人"按钮即可，如图 11.92 所示。

图 11.91　"我的机器人"页面

图 11.92　单击"创建机器人"按钮

回到"我的机器人"页面，可以看到"寿小康"机器人已经被成功创建，如图 11.93 所示。接下来单击机器人，进入机器人的配置页面。

图 11.93　"寿小康"机器人

步骤 2：为机器人添加技能

在进入机器人的配置页面后，选择左侧功能栏的"技能管理"选项，为机器人添加之前已经训练并且部署的技能，以及系统预置技能，如图 11.94 所示，单击"添加技能"按钮，打开"我的技能库"对话框。

图 11.94　为机器人添加技能

在"我的技能库"对话框中，除了添加与目标功能相对应的 4 个技能，也可以根据需要自由添加系统预置技能。如图 11.95 所示，单击"技能管理页"文字链接进入预置技能的添加页面。

图 11.95　"技能管理页"文字链接

如图 11.96 所示，单击预置技能旁边的"获取技能"按钮，弹出"请选择要添加的预置技能："对话框。

图 11.96　"获取技能"按钮

在"请选择要添加的预置技能："对话框中，选择所需的技能，如图 11.97 所示，单击"获取该技能"按钮，就能成功将该技能添加至"我的技能库"。在本任务中，将添加"天气"和"问候"两个系统预置技能。

图 11.97　选择所需的技能

回到"我的技能库"对话框，选择与目标功能相对应的 4 个技能和 2 个系统预置技能，如图 11.98 所示，单击"已选择 6 个技能，添加至机器人"按钮即可成功为机器人添加技能。

图 11.98　选择技能

步骤 3：设置对话流程

回到"技能管理"页面，可以看到刚刚添加的"天气"、"问候"、"网上预约医院挂号"、"科室常见疾病问答"、"医院名录问答"和"挂号流程问答"6 个技能，如图 11.99 所示。

图 11.99　刚刚添加的技能

接下来需要设置机器人的回复优先级，如图 11.100 所示，根据技能的重要性为已经添加的技能排序。从机器人的定位可知，网上预约医院挂号的功能是排在首位的，所以将"网上预约医院挂号"回复优先级排到第 1 位，接着继续对其他技能进行优先级的排序，全部的技能回复优先级顺序如图 11.100 所示。设置完成后，单击"保存"按钮即可。

图 11.100 设置机器人的回复优先级

步骤 4：测试机器人对话效果

接下来，单击左上角"对话"按钮来测试机器人的对话效果，如图 11.101 所示，机器人可以做出合适的回应。

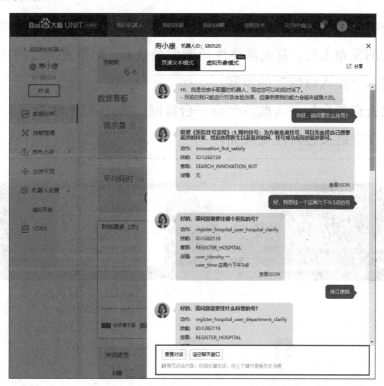

图 11.101 测试机器人的对话效果

除了"普通文本模式"，百度智能对话平台 UNIT 还提供"虚拟形象模式"以便更直观地测试机器人的对话效果。

任务 6

机器人发布与验证

最后，可以将机器人发布上线，验证机器人在实际的应用场景下的对话效果。在验证的过程中，如果机器人的对话效果无法满足需求，则可以采集更多对话样本并添加到数据集中，作为训练数据加以标注和训练，得到更加优秀的机器人。这里介绍两种机器人发布上线的部署方式：微信环境部署和生产环境部署。

步骤 1：机器人发布

1. 微信环境部署

结合百度智能对话平台 UNIT 的功能，在这个步骤中，可以选择采用"接入微信"的方式进行机器人的发布上线。首先需要注册微信公众号，如果之前已经注册过，则可以跳过此步骤直接进入"接入微信"的步骤。

搜索"微信公众平台"进入微信公众平台官网，如图 11.102 所示，单击页面右上方的"立即注册"文字链接进入注册页面。

图 11.102　微信公众平台官网

进入注册页面后，可以根据情况选择合适的账号类型，如图 11.103 所示。在本任务中，将选择适合个人及媒体注册的账号类型，因此在这里选择"订阅号"选项，进入基本信息填写页面。

图 11.103　选择合适的账号类型

在基本信息填写页面，填写注册信息，如图 11.104 所示，填写注册邮箱地址并激活，接下来填写邮箱收到的验证码并填写密码。

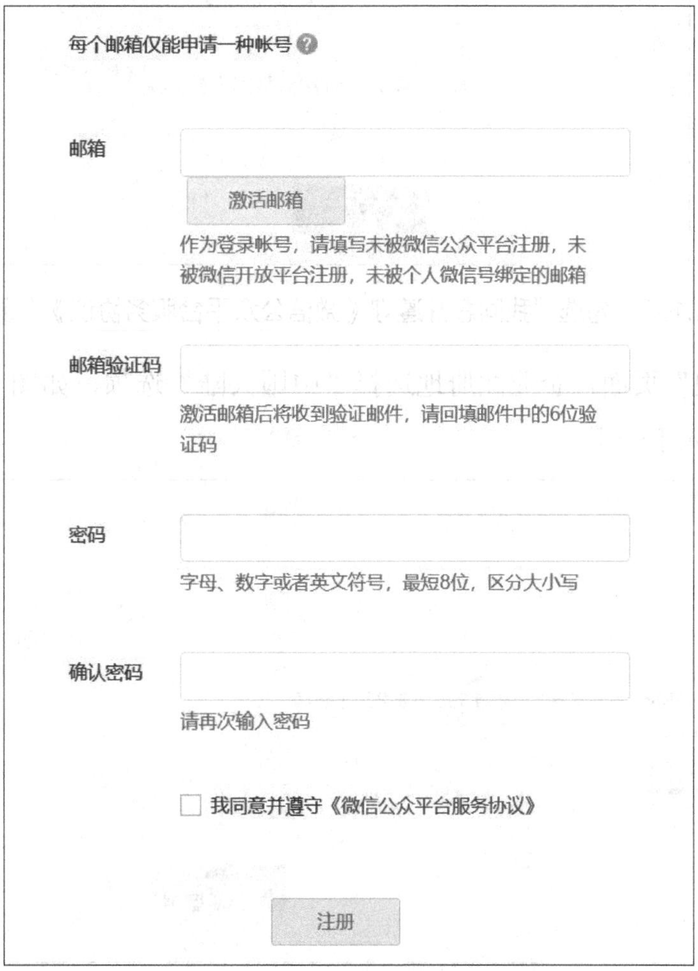

图 11.104　填写注册信息

基本信息填写完成后，勾选"我同意并遵守《微信公众平台服务协议》"复选框，如图 11.105 所示，单击"注册"按钮进入"选择类型"页面。

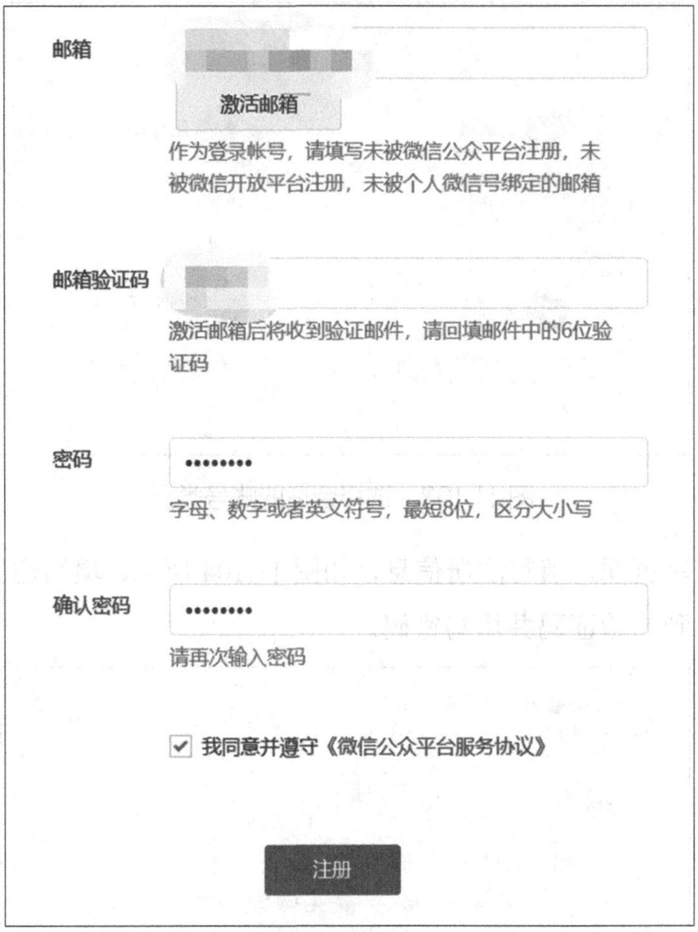

图 11.105　勾选"我同意并遵守《微信公众平台服务协议》"复选框

在"选择类型"页面，企业注册地选择"中国大陆"选项，如图 11.106 所示，单击"确定"按钮，进入下一页。

图 11.106　选择企业注册地

在这一页中，选择"订阅号"选项，如图 11.107 所示，单击"选择并继续"文字链接并确定公众号类型。

图 11.107 选择"订阅号"选项

在"信息登记"页面，主体类型可以根据具体情况选择，在这里选择"个人"选项作为公众号的主体类型，如图 11.108 所示。

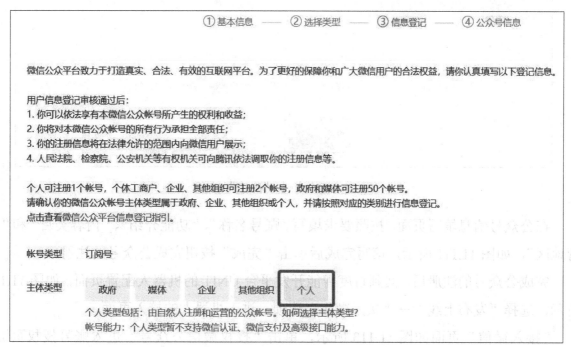

图 11.108 选择"个人"选项

在"信息登记"页面继续填写相关信息，如图 11.109 所示，获取验证码并填入文本框。填写完成后，单击"继续"按钮进入下一页。

图 11.109　获取验证码

确认主体信息，单击"确定"按钮，如图 11.110 所示，进入公众号信息填写页面。

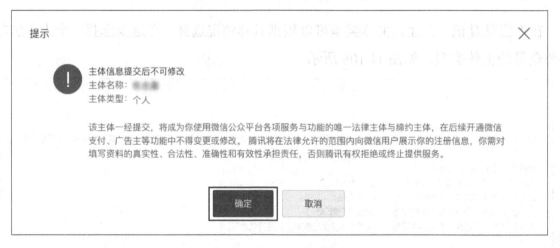

图 11.110　单击"确定"按钮

在公众号信息填写页面，按照要求填写"账号名称"、"功能介绍"、"内容类目"和"运营地区"，如图 11.111 所示，填写完成后单击"完成"按钮完成公众号的注册。

完成公众号的注册后，回到百度智能开发平台 UNIT 的机器人配置页面，如图 11.112 所示，选择"发布上线"→"接入微信"选项，进入机器人的接入页面。

"接入微信"页面如图 11.113 所示，单击"授权微信公众号"进入账号授权页面。

图 11.111 填写公众号的信息

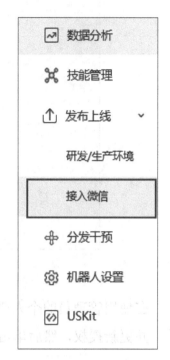

图 11.112 选择"发布上线"→
"接入微信"选项

项目 11

焦点畅谈：定制康养智能机器人

图 11.113 "接入微信"页面

在账号授权页面，使用公众平台绑定的管理员个人微信号扫描二维码，即可将机器人接入微信公众号，如图 11.114 所示。

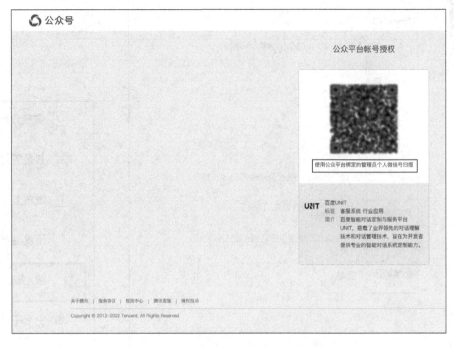

图 11.114　将机器人接入微信公众号

在使用管理员的个人微信号扫描二维码之后，先选择要授权给"百度 UNIT"的公众号，并更新授权，然后单击"我知道了"按钮完成机器人的微信接入，如图 11.115 所示。

图 11.115　完成机器人的微信接入

最后在微信公众平台登录公众号，选择"设置与开发"→"公众号设置"→"授权管理"选项，查看百度 UNIT 在微信公众号上的接入状态，如图 11.116 所示，在第三方平台下出现"百度 UNIT"即代表接入成功。

图 11.116 查看百度 UNIT 在微信公众号上的接入状态

机器人接入微信后，即可在公众号上进行对话及问答，效果如图 11.117 所示。

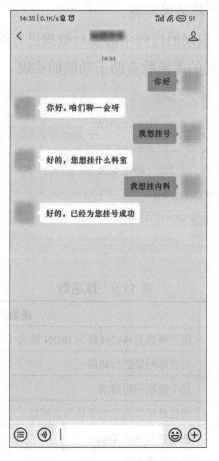

图 11.117 对话效果

2. 生产环境部署

通过不断测优化机器人，当机器人满足实际需求后，可以将机器人部署到生产环境中用于实际的应用。在将机器人部署到生产环境中时，可以结合百度的各种 API 接口进行功能的扩展。

本小节将使用 API 的方式将机器人部署到生产环境中，具体可以分为 3 个模块：语音识别模块、UNIT 对话模块和语音合成模块。实现的流程如图 11.118 所示。

图 11.118　实现的流程

1）语音识别模块

语音识别模块主要将输入的语音进行语音识别，将音频转换为文本作为语音识别模块的输出，同时为 UNIT 对话模块做准备。

（1）导入库函数。在语音识别的过程中需要对数据进行编码和解码及调用百度 API 进行语音识别等操作，导入相关的库函数有助于功能的实现。

```
import json
from urllib.request import urlopen
from urllib.request import Request
from urllib.parse import urlencode
from utils import fetch_token
from record import my_record
```

库函数如表 11.5 所示。

表 11.5　库函数

函　数　名	函数的作用
json	用于将数据格式转换为 JSON 格式
urlopen	对目标网址进行访问
Request	用于发送网络请求
urlencode	将信息转换为可用于访问的网址
fetch_token	获取访问令牌 Token
my_record	录制标准音频

（2）音频录制。使用 my_record()函数录制标准音频。首先指定需要识别的音频文件的名称，设置音频的标准采样率和音频录制的时长，然后调用 my_record()函数进行音频的录制。

```
# 需要识别的文件路径，支持 PCM、WAV、AMR 格式
AUDIO_FILE = '16k.wav'
FORMAT = AUDIO_FILE[-3:]
# 音频采样率，音频格式必须满足采样率
RATE = 16000;
# 音频录制的时长
time = int(input('请输入对话时长: '))
my_record(audio_name=AUDIO_FILE,time=time,framerate=RATE)
```

（3）配置语音识别参数。录制了标准的音频后，需要对语音识别的相关参数进行配置。首先，获取音频的格式，支持 PCM、WAV、AMR 格式。其次，设置唯一标识，唯一标识统一设置为"123456PYTHON"。然后，设置语音识别的语言及对应的模型，默认设置为普通话及语音近场识别模型。最后，通过官方文档设置语音识别的地址和语音识别的功能名称。

```
# 唯一标识
CUID = '123456PYTHON';
# 1537 表示识别普通话
DEV_PID = 1537;
# 语音识别地址
ASR_URL = 'http://vop.baidu.com/server_api'
# 设置语音识别功能的名称
SCOPE = 'audio_voice_assistant_get'
```

（4）获取访问令牌。在调用 API 接口时，需要进行授权认证，即 Token 认证。Token 在计算机系统中代表访问令牌（临时）的意思，拥有 Token 就代表拥有某种权限。为了获取令牌，调用 fetch_token()函数，利用 API Key 和 Secret Key 两个信息来获取访问令牌。

首先获取 API Key 和 Secret Key 两个信息，然后调用函数获取访问令牌。

```
# 设置自己的语音识别 API Key 和 Secret Key
API_KEY_ASR = ' '
SECRET_KEY_ASR = ' '
# 设置用于请求 Token 的请求地址
TOKEN_URL = 'http://aip.baidubce.com/oauth/2.0/token'
token = fetch_token(API_KEY_ASR,SECRET_KEY_ASR,TOKEN_URL)
```

此时 toke 返回的是访问令牌，使用访问令牌即可完成语音识别等工作。

（5）读取音频。根据音频文件的地址，利用 Python 对音频文件进行读取。为了防止音频不存在或音频没有语音信息的情况，通过统计读取音频的长度进行判断，如果可以正常读取音频文件，则程序顺利执行，获取音频的信息，反之会打印错误信息。

```
# 定义空列表存储读取的音频信息
speech_data = []
# 读取音频
with open(AUDIO_FILE, 'rb') as speech_file:
    speech_data = speech_file.read()
# 统计读取的音频的长度
length = len(speech_data)
# 如果读取的音频的长度为 0，则说明音频信息不存在，打印错误信息
if length == 0:
    print('音频不存在，请检查音频是否满足标准格式')
```

（6）语音识别。利用获得的访问令牌和读取的音频信息对音频进行识别，将识别的结果打印在屏幕中。

```
# 创建字典参数
params = {'cuid': CUID, 'token': token, 'dev_pid': DEV_PID}
# 对参数进行编码
params_query = urlencode(params);
# 创建消息头字典
headers = {
        'Content-Type': 'audio/' + FORMAT + '; rate=' + str(RATE),
        'Content-Length': length}
# 获取访问的地址
url = ASR_URL + "?" + params_query
# 对地址进行访问
req = Request(ASR_URL + "?" + params_query, speech_data, headers)
f = urlopen(req)
# 获得语音识别的结果
result_str = f.read()
# 将结果转换为 UTF-8
result_str = str(result_str, 'utf-8')
# 将结果转换为 JSON 格式，便于提取有用信息
text = json.loads(result_str)
# 利用 Python 的访问方式得到语音识别的结果
```

```
result = text['result'][0]
print("输入的对话是：",result)
```

2）UNIT 对话模块

UNIT 对话模块用于机器人的对话，将语音识别模块的输出结果作为输入，用于进行机器人对话。同时 UNIT 对话模块的输出也为语音合成模块做准备。

（1）导入库函数。

```
import requests
import json
```

库函数如表 11.6 所示。

表 11.6　库函数

函 数 名	函数的作用
json	用于将数据格式转换为 JSON 格式
requests	可以用于网络请求和网络爬虫

（2）获取 Token。利用机器人的 API Key 和 Secret Key 获取机器人的 Token 信息。首先通过官网得到用于获取 Token 的请求地址，设置创建的机器人的 API Key 和 Secret Key，通过 3 个信息合成得到获取 Token 的 URL，最后通过访问 URL 提取出需要的 token 信息。

```
# 设置用于请求 Token 的请求地址
baidu_server = 'https://aip.baidubce.com/oauth/2.0/token?'
grant_type = 'client_credentials'
# 设置机器人的 API Key 和 Secret Key
client_id = ' '
client_secret = ' '
#合成 Token 的 URL
url = baidu_server+'grant_type='+grant_type+'&client_id='+client_id+
'&client_secret='+client_secret
#获取 Token
res = requests.get(url).text
data = json.loads(res)   #将 JSON 格式转换为字典格式
token = data['access_token']   #获取 Token
```

（3）获取 UNIT 对话模块的输出结果。首先通过获取的 Token 信息得到机器人的 URL，用于获取 UNIT 对话模块的输出结果。然后利用 UNIT 对话模块的输入设置 UNIT 对话模块的请求参数。最后使用 requests.post()函数发送网络请求获取 UNIT 对话模块的输出结果。

```
access_token = token    #获取的Token
q = result    #语音识别模块的输出，即UNIT模块的输入
#机器人的URL
url = 'https://aip.baidubce.com/rpc/2.0/unit/service/chat?access_token='
+ access_token
#设置UNIT对话模块的请求参数
post_data =
"{\"log_id\":\"UNITTEST_10000\",\"version\":\"2.0\",\"service_id\":\"S728
43\",\"session_id\":\"\",\"request\":{\"query\":\"%s\",\"user_id\":\"8888
8\",\"query_info\":{\"type\":\"TEXT\",\"source\":\"KEYBOARD\"}}}}"%(q)
headers = {'content-type': 'application/x-www-form-urlencoded'}
#发送网络请求以获取输出结果
response = requests.post(url, data=post_data.encode('utf-8'),
headers=headers)
if response:
    text = response.json()    #将输出转换为JSON格式
    answer = text['result']['response_list'][0]['action_list'][0]['say']
#提取输出的结果
    print (answer)
```

3）语音合成模块

（1）配置语音合成参数。首先，语音合成的音频库、语速、语调、音量和保存的音频格式进行配置。然后，对音频扩展名、唯一标识和语音合成请求地址进行设置。代码如下。

```
# 发音人选择，基础音库：0为度小美，1为度小宇，3为度逍遥，4为度丫丫
# 精品音库：5为度小娇，103为度米朵，106为度博文，110为度小童，111为度小萌，默
认为度小美
PER = 0
# 语速，取值为0～15，默认为5，中语速
SPD = 7
# 音调，取值为0～15，默认为5，中语调
PIT = 3
# 音量，取值为0～9，默认为5，中音量
VOL = 5
# 下载的文件格式，3：MP3(默认) 4：PCM-16k 5：PCM-8k 6：WAV
AUE = 6
FORMATS = {3: "mp3", 4: "pcm", 5: "pcm", 6: "wav"}
FORMAT = FORMATS[AUE]
CUID = "123456PYTHON"
TTS_URL = 'http://tsn.baidu.com/text2audio'
```

（2）获取语音合成令牌。设置语音合成接口的 API Key 和 Secret Key 信息，并通过这些信息获取语音合成的令牌。

```
API_KEY_TTS = 'QsfCMFkmMFOFGhvWEnRhAndf'          #填写自己的 API Key
SECRET_KEY_TTS = 'sFF0FszYuxG6n8tGlUexQsnFsGBbVdfG'  #填写自己的 Secret Key
TOKEN_URL = 'http://aip.baidubce.com/oauth/2.0/token'  #Token 的请求地址
SCOPE = 'audio_tts_post'  # 有此 SCOPE 表示有 TTS 能力，如果没有，请在网页里勾选
token = fetch_token(API_KEY_TTS,SECRET_KEY_TTS,TOKEN_URL)  #获取语音合
成的 Token
```

（3）语音合成。将 UNIT 对话模块的输出作为语音合成的输入。首先利用 quote_plus() 函数将语音合成的输入信息进行编码。利用编码的结果及其他语音合成的参数进行网络访问得到语音合成的结果。最后将语音合成的结果保存为音频文件并调用 read_sound() 函数播放音频文件。

```
#对文本进行编码
tex = quote_plus(answer)
#参数设置
params = {'tok': token, 'tex': tex, 'per': PER, 'spd': SPD, 'pit':
PIT, 'vol': VOL, 'aue': AUE, 'cuid': CUID, 'lan': 'zh', 'ctp': 1} # lan、
ctp为固定参数
data = urlencode(params)
req = Request(TTS_URL, data.encode('utf-8'))
f = urlopen(req)
result_str = f.read()
save_file = 'sound.' + FORMAT
with open(save_file, 'wb') as of:
    of.write(result_str)
read_sound(save_file)
```

步骤 2：智能对话机器人性能评估

将智能对话机器人部署成功后，通过与智能对话机器人进行对话测试来进行性能评估。根据创建的康养智能机器人的技能进行提问。和康养智能机器人对话 10 次，将提问和康养智能机器人的回答记录在表格中，如果康养智能机器人没有回答则记录 NaN。最后通过康养智能机器人的回复计算康养智能机器人的回复率和准确率，并将结果记录在表 11.7 中。

表 11.7　对话机器人性能评价表

提问内容	回答内容	回复率	准确率
你好，帮我挂一下号。			
你好，我要挂号。			
你好，我想要挂号。			
你好，你能帮忙在网上挂个号吗？			
小康好，明天打算和老伴去医院复诊，能帮我挂个号吗？			
我想后天去医院看看高血压，能帮忙挂个号吗？		$回复率 = \dfrac{机器人回复数量}{用户提问总数} \times 100\%$	$准确率 = \dfrac{机器人解决问题数}{用户提问总数} \times 100\%$
你好，后天复诊，帮我挂陈医生的号。			
这周六打算去医院看看膝盖，帮我挂个号吧。			
陈医生明天有空吗？我打算和我老伴去看看风湿。			
我想去广州中医院看看我的老风湿，你能帮我挂号吗？			

测一测

1. 任务型智能对话机器人是以（　　）问题为主的机器人。

　　A．开放域　　　　B．封闭域　　　　C．未知域　　　　D．常见域

2. 管道式智能对话机器人架构不包括（　　）模块。

　　A．NLU　　　　B．ASR　　　　C．TTS　　　　D．端到端模型

3. 关于任务型智能对话机器人描述正确的是（　　）。

　　A．任务型智能对话机器人在评估时对话轮次越多越好

　　B．任务型智能对话机器人在设计时不需要有明确的目标和具体的知识范围

　　C．任务型智能对话机器人更适合情感陪护、聊天

　　D．任务型智能对话机器人能够提高人工效率

4. 对于任务型智能对话机器人的回复率和回复内容的准确率，描述正确的是（　　）。

　　A．回复率是机器人解决问题数

　　B．回复准确率是机器人回复的次数

　　C．无论是回复率还是准确率，对机器人系统来说都是越高越好

　　D．回复率越低、回复准确率越高表示机器人系统性能越好

5．不属于我国的智能对话平台是（   ）。

A．百度智能对话平台 UNIT   B．TBP 平台

C．阿里云智能对话机器人   D．ChatGPT 平台

做一做

智能对话机器人数据集的丰富程度影响着智能对话机器人的能力。现要求学生在任务 3 的基础上采集更多的对话样本，并使用相同的方式进行技能的训练和测试，最终将技能部署到机器人上。

一、项目目标

学习本项目后，将自己的掌握情况填入表 11.8，并对相应项目目标进行难度评估。评估方法：对相应项目目标后的☆进行涂色，难度系数范围为 1～5。

表 11.8　项目目标自测表

序　号	项 目 目 标	目标难度评估	是否掌握（自评）
1	了解任务型智能对话机器人的概念	☆☆☆☆☆	
2	了解任务型智能对话机器人的架构	☆☆☆☆☆	
3	了解任务型智能对话机器人的关键技术	☆☆☆☆☆	
4	熟悉任务型智能对话机器人开源系统	☆☆☆☆☆	
5	熟悉任务型智能对话机器人的评价方法	☆☆☆☆☆	
6	了解智能对话机器人面临的挑战	☆☆☆☆☆	
7	掌握使用百度智能对话平台 UNIT 搭建康养智能对话机器人的方法	☆☆☆☆☆	

二、项目分析

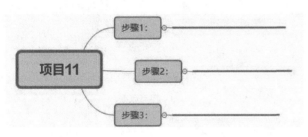

图 11.119　项目 11 具体实现步骤

通过学习任务型智能对话机器人的原理、架构、关键技术和评估指标等，使用百度智能对话平台 UNIT 搭建康养智能对话机器人。请将项目具体实现步骤（简化）填入图 11.119 横线处。

三、知识抽测

请同学们使用思维导图的方式，在下面的方框中画出对话策略的优缺点

四、任务 1 定义对话系统

对定义对话系统的步骤进行排序并填入〇。

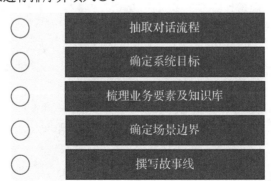

抽取对话流程

确定系统目标

梳理业务要素及知识库

确定场景边界

撰写故事线

五、任务 2 UNIT 开发者注册

根据开发者认证所需信息，整理归类下列开发者认证相关信息：智能家居、政府、医疗、接待机器人、百度 AI 开发者大会、交通、百度大脑 AI 开发平台官网、智能客服、线上课程。

要求每一列上的相应信息都有一个共同的特质，并将信息填入表 11.9。

表 11.9　同质开发者信息九宫格

六、任务 3 创建对话技能

在项目 1 中，同学们了解了百度账号的功能，在本项目中，同学们了解了 UNIT 开发者注册。请使用绘图的方式描述"我眼中的 UNIT 对话技能创建与配置"，并填入表 11.10。

表 11.10　我眼中的 UNIT 对话技能创建与配置

七、任务 4 创建问答技能

以下是创建问答技巧的相关步骤，请将左边的步骤与右边的关键点进行连线。

步骤	关键点
问答数据集	技能配置
创建 FAQ 问答技能	表格问答技能
创建对话式文档对话技能	我的技能
创建表格问答技能	采集信息

八、任务 5 搭建对话系统

根据对话系统搭建流程，回顾百度智能对话平台 UNIT 还提供哪些功能验证机器人对话效果。请在下面的圆环中填入相关模式，越多越好。

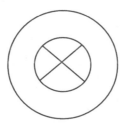

九、任务 6 机器人发布与验证

使用 API 的方式将机器人部署到生产环境中，需要用到多种函数，请同学们从左边大圈中筛出部署所需函数，并填入右侧的方框。

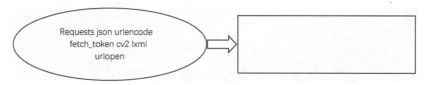

项目 11　焦点畅谈：定制康养智能机器人